化工原理课程系列教学用书

Experiment of Chemical Engineering Principle

化工原理实验（第2版）

张金利　郭翠梨　胡瑞杰　范江洋　主编

天津大学出版社
TIANJIN UNIVERSITY PRESS

内容提要

　　本书强调在实验过程中培养学生的实验设计、实验实施能力,进而培养学生的创新能力。在编写过程中,既突出学生对化工原理知识的学习,又突出化工实验的共性问题。全书共分6章,即实验误差的估算与分析、实验数据处理、正交试验设计方法、化工实验参数测量技术、化工原理基本实验、化工原理演示实验和选修实验。

　　本书可作为高等院校化工及相关专业的化工原理实验课的实验教材或教学参考书,也可以作为石油、化工、轻工、医药等行业从事科研、生产的技术人员的参考书。

图书在版编目(CIP)数据

化工原理实验／张金利等主编. —2版. —天津:
天津大学出版社,2016.11(2024.1重印)
　ISBN 978-7-5618-5713-7

　Ⅰ.①化… Ⅱ.①张… Ⅲ.①化工原理 – 实验 – 高等
学校 – 教材 Ⅳ.①TQ02-33

　中国版本图书馆 CIP 数据核字(2016)第 267483 号

出版发行	天津大学出版社
地　　址	天津市卫津路 92 号天津大学内(邮编:300072)
电　　话	发行部:022-27403647
网　　址	www.tjupress.com.cn
印　　刷	廊坊市海涛印刷有限公司
经　　销	全国各地新华书店
开　　本	185mm×260mm
印　　张	12.25
字　　数	306 千
版　　次	2005 年 7 月第 1 版　2016 年 11 月第 2 版
印　　次	2024 年 1 月第 9 次
定　　价	32.00 元

第2版前言

《化工原理实验》自2005年出版以来,已使用11年。在这11年间,化工原理课程及化工原理实验进行了巨大改革,实验教学理念、实验教学内容、实验教学设备都发生了变化,原来的实验教材已不能满足现有的实验教学,因此急需对原教材进行修订。

本教材的修订得到了天津大学的大力支持,被列为"校级精品教材建设项目"。

此次修订,首先增加了绪论,通过这部分让学生了解化工原理实验的特点、教学内容及教学过程各环节的要求,明确学习目标;附录增加了实验基本安全知识,目的是让学生了解消防设备、电气设备、危险品、高压钢瓶等的安全使用方法和废物的处理方法,提高安全和环保意识。其次,在化工原理基本实验部分,在天津大学研发的设备的基础上,兼顾其他学校使用的实验装置,给出了多种实验装置,如吸收实验给出了氨吸收、二氧化碳吸收两种实验装置,通用性比较强;而且在精馏、吸收、萃取实验中分别增加了精馏塔的操作、吸收塔的操作和萃取塔的操作,有助于学生工程实践能力和理论联系实际能力的培养。再者,在化工原理演示实验和选修实验中增加了一些组合实验,如非均相气固分离演示实验、多功能膜分离实验,这些有利于学生对几种操作进行比较。另外,对化工原理基本实验、化工原理演示实验和选修实验中所有的实验装置流程图进行了修改,使其符合规范。最后,在化工原理基本实验中增加了二维码,通过扫描二维码可以看到各个实验的讲解视频。

全书共分6章,由张金利、郭翠梨、胡瑞杰、范江洋修订。各章执笔者如下:绪论、第1章郭翠梨;第2章张金利;第3章郭翠梨;第4章范江洋;第5章郭翠梨、胡瑞杰;第6章张金利、胡瑞杰;附录范江洋。天津大学化工学院化工基础实验中心的其他教师参与了本教材实验视频的录制,在此对他们表示衷心的感谢。

在本书编写过程中参考了其他院校的有关教材,对此向相关教材的作者表示诚挚的谢意。

鉴于作者学识有限,书中难免有不妥之处,诚心希望读者不吝赐教,促使本教材日臻完善。

编者

2016年7月

目　录

绪　论

1. 化工原理实验的主要特点

化工原理实验是一门实践性很强的技术基础课,它用自然科学的基本原理和工程实验方法来解决化工及相关领域的实际工程问题。化工原理实验要解决的是多因素、多变量、综合性、与工业实际有关的问题,具有显著的现实性和特殊性。

①化工原理实验与化工原理课堂教学、实习、课程设计等教学环节相互衔接,构成一个有机整体。化工原理实验通过观察某些基本化工过程中的现象,如液泛、流态化等,测定某些基本参数,如温度、压力、流量等;找出某些重要过程的规律,如管内流体的流动规律、流体通过颗粒床层的规律等;确定化工设备的性能,如离心泵的特性曲线、换热器的传热系数、过滤机的过滤常数、精馏塔的塔板效率、吸收塔的传质单元数等。所以,化工原理实验是学生巩固传递原理、化工单元操作的理论知识,学习与之相关的其他新知识的重要途径。

②化工原理实验不同于基础课实验,如普通物理、无机化学、有机化学、分析化学、物理化学等课程的实验,它是学生接触到的工程性较强的实验。首先,化工原理实验以实际工程问题为研究对象,涉及的变量比较多,采用的研究方法也必然不同,不能将处理物理实验或化学实验的一般方法简单地套用于化工原理实验,应在化工原理实验的整个过程中体验实验的工程性以及掌握解决工程问题的一般方法。其次,化工原理实验设备脱离了基础课实验的小型玻璃器皿,与实际的化工设备相同或相似,每个实验都相当于化工生产中的一个基本过程,所得到的结论对于化工单元操作的设备设计及过程操作条件的确定均具有很重要的指导意义。

③由于化工过程的复杂性,许多工程因素的影响仅从理论上是难以解释清楚的,或者虽然能从理论上作出定性的分析,但难以给出定量的描述,特别是有些重要的设计或操作参数,根本无法从理论上计算,必须通过必要的实验加以确定或获取。初步接触化工单元操作的学生或有关工程技术人员更有必要通过实验来加深对有关过程及设备的认识和理解。

化工类专业的学生学好化工原理实验不仅对学习理论课有帮助,而且可以通过学习化工实验的方法、技能和知识,提高解决实际工程问题的能力,为毕业后从事实际工作打下良好的基础。

2. 化工原理实验的教学目的

通过化工原理实验应达到如下教学目的。

①根据化工原理实验的目的或任务,分析实验原理,设计实验流程,选择实验装置,确定实验的具体步骤,培养学生运用所学知识分析和解决实际问题的能力。

②通过一系列的实践操作以及化工常用仪器仪表的使用,掌握工程实验的一般方法和技巧,如操作条件的确定、实验操作及故障分析、测试仪表的选择、数据采集和过程控制的实现等,得到化工实验技能的基本训练,培养学生的动手操作能力。

③熟悉典型单元操作的工艺流程及设备的基本原理、结构和性能,验证各单元操作过程

的机理、规律,巩固和强化在化工原理课程中所学的基本理论,培养学生理论联系实际的能力。

④通过实验培养学生对实验现象的敏锐观察能力、正确获取实验数据的能力,分析、讨论工程上的一些现实问题及其产生的原因。

⑤根据实验现象和实验数据,用所学的知识归纳、分析实验结果,撰写实验报告,培养学生从事科学研究的能力。

⑥培养学生认真严肃的科学态度和实事求是的工作作风。

综上所述,化工原理实验教学是化工类专业教学过程中一个非常重要的环节,其目的是对学生的工程实践能力进行全面培养。

3. 化工原理实验的教学内容

化工原理实验主要包括实验基础理论教学和实验教学两大部分。

1) 实验基础理论教学

实验基础理论主要介绍如下几个方面的知识:①实验误差的估算与分析;②实验数据处理;③正交试验设计方法;④化工常见物理量的测量,比较详细地介绍压力差、流量、温度及液位的测量方法与使用时应注意的问题;⑤实验预习、实验报告的书写和实验基本安全知识。

2) 实验教学

为了适应不同专业、不同层次的教学要求,本教材共编写了三类实验。

(1) 第一类:化工原理基本实验 包括:①流体流动阻力测定实验;②离心泵性能测定实验;③流量计标定实验;④正交试验法在过滤研究中的应用实验;⑤传热实验;⑥板式精馏塔操作和塔板效率测定实验;⑦填料塔流体力学性能和吸收传质系数测定实验;⑧液—液萃取实验;⑨干燥实验。

(2) 第二类:化工原理演示实验 包括:①雷诺实验;②伯努利方程演示实验;③流线演示实验;④板式塔流体力学性能演示实验;⑤非均相气固分离演示实验;⑥热电偶特性演示实验;⑦测温仪表标定实验;⑧测压仪表标定实验。

(3) 第三类:化工原理选修实验 包括:①多相搅拌实验;②多功能膜分离实验;③渗透蒸发膜分离实验;④反应精馏实验;⑤共沸精馏实验;⑥萃取精馏实验;⑦溶液结晶实验;⑧流化床干燥实验;⑨升膜蒸发实验;⑩裸管与绝热管传热实验。

按照原全国化工原理教学指导委员会的建议,化工原理实验的课时为30到60学时,大致可安排6到12个不同类型的实验。针对不同专业、不同层次的教学对象,可对实验教学内容进行组合调整。

4. 化工原理实验的教学环节

化工原理实验通常包括实验理论课、实验预习、实验操作、撰写实验报告、实验考核等几个教学环节。为了突出对学生能力和素质的培养,在整个实验过程中必须坚持启发式、讨论式、研究式、交互式的教学方法,突出学生的自主作用,避免教师单纯传授知识、包办代替的做法,克服学生依赖教师、被动学习的习惯。

一般情况下,本课程以小组(每组2~3人为宜)为单位,分工协作完成。

5. 实验预习的要求

由于化工原理实验的特殊性,在实验之前必须进行认真的预习,做到了解和熟悉单元操作设备、流程、测控点、安全要点等。具体要求如下。

①认真阅读实验指导书、理论教材以及相关的参考书,明确所做实验的目的、任务和要求;根据实验任务分析实验的理论依据;理解实验流程、实验装置的设计思路;明确在实验中应该测取哪些数据;拟定出初步的实验方案等。

②熟悉实际的实验装置和流程,明确测控点,了解设备和相关仪表的类型、启停程序及调节方法,搞清楚操作要点和注意事项等。

③为了使实验结果真实地反映参数之间的变化规律,要初步确定出被测参数的数据范围及间隔,并预估实验数据的变化规律。

④写出预习报告,在报告中要明确实验目的和任务、实验原理、实验装置流程示意图、实验步骤及注意事项等;在实验前设计好原始数据记录表,表格中应记录各物理量的名称、符号和单位等。

6. 实验过程中的注意事项

实验操作是实验教学的核心环节,学生只有通过操作才能了解和领会单元操作设备及流程,了解如何实现过程的优化,分析各种非正常现象产生的原因并研究可能采取的措施。

①进行实验前首先仔细检查实验装置及仪器仪表是否完好,对电机、风机、泵的运转设备必须进行检查;对各种阀门,尤其是一些回路阀或旁路阀,应仔细检查其开启情况,需要打开的要打开,需要关闭的要关闭。检查完毕后方可进行操作。

②在实验中应密切注意仪表示数的变化,并及时调节,使整个过程在规定的条件下进行;实验条件改变后,不要急于测量记录,由于化工过程的稳定需要一定的时间,而且仪表常存在滞后现象,因此一定要在过程稳定后再取样或读取数据。

③在实验过程中切忌只顾埋头操作和读数,而忽略了对实验现象的观察。须知,实验现象往往与过程的内在机理、规律密切相关,如塔板上两相接触状态与效率的关系。勤于观察、善于观察是科研工作者和工程技术人员必备的素质。

④实验中如果出现异常现象或者数据有明显误差,应在数据记录表中如实注明。小组成员应与老师一起认真讨论,研究异常现象发生的原因,及时发现问题、解决问题或者对现象作出合理的分析、解释。

⑤用事先拟定好的原始数据记录表认真记录实验数据,要保证数据可靠、清楚、完整,必须真实地反映仪表的准确度,一般记录至仪表最小分度以下一位数;记录数据后应及时复核,以免读错或写错;应注明所测物理量的名称、符号、单位。

⑥实验数据经指导教师审查合格后结束实验。关停设备时,按操作规程关闭流量计、仪器设备、总电源,将实验场地打扫干净后方可离开。

7. 实验报告的书写

按照一定的格式和要求表达实验过程和结果的文字材料称为实验报告。实验报告是对实验工作和实验工作对象进行评价的主要依据,是撰写科技论文和制订科技工作计划的重要依据和参考资料。它是实验工作的全面总结和系统概括,是实验工作不可缺少的一个环节。

　　写实验报告的过程就是对所测取的数据加以处理,对所观察的现象加以分析,从中找出客观规律和内在联系的过程。如果做了实验而不写报告就相当于有始无终、半途而废。对于理工科的大学生来讲,进行实验并写出报告是一种必不可少的基础训练,对所做的实验写出一份完整的实验报告也可认为是撰写正式科技论文的训练。因此,对于化工原理实验课程的实验报告,提倡在正式报告前写摘要,目的是强化撰写科技论文的意识,训练学生综合分析、概括问题的能力。

　　完整的实验报告一般包括以下几方面的内容。

　　(1)实验名称　每份实验报告都应有名称,又称标题,列在报告的最前面。实验名称应简洁、鲜明、准确。简洁,就是字数要尽量少;鲜明,就是让人一目了然;准确,就是能恰当反映实验的内容。如流体流动阻力测定实验、干燥实验。

　　(2)实验目的　简明扼要地说明为什么要进行这个实验,本实验要解决什么问题,常常列出几条。

　　(3)实验的理论依据(实验原理)　简要说明实验所依据的基本原理,包括实验涉及的主要概念,实验依据的重要定律、公式及据此推算的重要结果,要求写得准确、充分。

　　(4)实验装置示意图和主要设备、仪表的名称　将实验装置简单地画出来,标出设备、仪表(及调节阀)等的标号,并标注出测控点的位置,在流程图的下面写出图名及与标号相对应的设备、仪表等的名称。

　　(5)实验操作方法和安全要点　将实际操作程序按时间的先后划分为几个步骤,以使条理更为清晰,一般多以改变某一组因素(参数)作为一个步骤。对于操作过程的说明要简单、明了。对于整个实验过程的安全要点要在操作程序中特别标出,对容易引发危险、损坏仪器、仪表或设备以及对实验结果影响比较大的操作,一般在注意事项里加以提醒,以引起人们的注意。

　　(6)数据记录　实验数据是在实验过程中从测量仪表上所读取的数值,要根据仪表的准确度确定实验数据的有效数字位数。读取数据的方法要正确,记录数据要准确。数据一般记在原始数据记录表里,数据较多时,此表格宜作为附录放在报告的后面。

　　(7)数据整理表和图　这部分是实验报告的重点内容之一,要求把实验数据整理、加工成表或图的形式。数据整理应根据有效数字的运算规则进行,一般将主要的中间计算值和最后的计算结果列在数据整理表中。表格要精心设计,以使其易于显示数据的变化规律及各参数的相关性。有时为了更直观地表达变量间的相互关系,采用作图法,即用相对应的各组数据确定出若干坐标点,然后依点画出相关曲线。数据整理表或图要按照第2章中列表法和图示法的要求去做。实验数据未经重复实验不得修改,更不得伪造。

　　(8)数据整理计算过程举例　这部分以某一组原始数据为例,把各步计算过程列出,从而说明数据整理表或图中的结果是如何得到的。

　　(9)对实验结果进行分析与讨论　这部分十分重要,是实验者理论水平的具体体现,也是对实验方法和结果的综合分析研究。讨论范围应限于与本实验有关的内容,讨论内容包括:①从理论上对实验所得结果进行分析和解释,说明其必然性;②对实验中的异常现象进行分析讨论;③分析误差的大小和原因以及如何提高测量的准确度;④本实验结果在生产实践中的价值和意义;⑤由实验结果提出进一步的研究方向或对实验方法及装置提出改进建议等。

有时将(7)、(9)合并在一起,写为"结果与讨论",这有两个原因:一是讨论的内容少,无须另列一部分;二是实验的几项结果独立性强,需要逐项讨论,说明每项结果。

(10)实验结论　实验结论是根据实验结果所作出的最后判断,得出的结论要从实际出发,要有理论根据。

第1章 实验误差的估算与分析

在实验中,由于实验方法和实验设备的不完善、周围环境的影响以及测量仪表和人的观察等方面的原因,实验所得数据与被测量的真值之间不可避免地存在着差异,这在数值上表现为误差。误差的存在是必然的,具有普遍性的。为了减小或消除误差,必须对测量过程和实验中存在的误差进行研究。通过误差估算和分析,可以认清误差的来源及其影响,确定导致实验总误差的主要因素,从而在准备实验方案的过程中正确组织实验过程,合理选用仪器和测量方法,减少或消除产生误差的来源,提高实验的质量。

1.1 实验数据的误差

1.1.1 直接测量和间接测量

根据获得测量结果的方法不同,测量可以分为直接测量和间接测量。可以由仪器、仪表直接读出数据的测量称为直接测量。例如:用米尺测量长度,用秒表计时间,用温度计、压力表测量温度和压强等。凡是基于直接测量得到的数据按一定的函数关系式通过计算才能求得测量结果的测量称为间接测量。例如:测定圆柱体的体积时,先测量直径 D 和高度 H,再用公式 $V = \pi D^2 H/4$ 计算出体积 V,V 就属于间接测量的物理量。化工基础实验中多数测量均属间接测量。

1.1.2 实验数据的真值

真值是某物理量客观存在的确定值。对它进行测量时,由于测量仪器、测量方法、环境、人员及测量程序等不可能完美无缺,实验误差难以避免,故真值是无法测得的,是一个理想值。在分析实验误差时,一般用如下值代替真值。

(1)理论真值 这一类真值是可以通过理论证实的值。如平面三角形内角之和为 $180°$;又如计量学中经国际计量大会决议确定的值,像热力学温标的零度——绝对零度等于 $-273.15\ ℃$;还有一些理论公式的表达值等。

(2)相对真值 在某些过程中,常使用精度等级较高的仪器的测量值代替普通仪器测量值的真值,称其为相对真值。例如:用高精度的涡轮流量计测量的流量值相对于用普通流量计测量的流量值而言是真值。

(3)平均值 平均值是对某物理量进行多次测量算出的平均结果,用它代替真值。当测量次数无限多时,算出的平均值是很接近真值的,但实际上测量次数是有限的(比如 10 次),所得的平均值只能近似地接近真值。

1.1.3 误差的定义及表示方法

1. 误差的定义

误差是实验测量值(包括直接和间接测量值)与真值(客观存在的准确值)之差,可表示为

误差 = 测量值 − 真值

误差的大小表示每一次测得的值相对于真值不符合的程度。

2. 误差的表示方法

1)绝对误差和相对误差

测量值 x 与真值 A 之差的绝对值称为绝对误差 $D(x)$,即

$$D(x) = |x - A| \tag{1-1}$$

在工程计算中,真值常用平均值 $\bar{x}$ 或相对真值代替,则式(1-1)可写为

$$D(x) = |x - \bar{x}| \tag{1-2}$$

绝对误差虽然很重要,但仅用它不足以说明测量的准确程度。换句话说,它不能给出测量准确与否的完整概念。此外,有时测量得到相同的绝对误差可能导致准确度完全不同的结果。例如,要判别称量的好坏,单单知道最大绝对误差等于 1 g 是不够的。因为如果所称量物体的质量为几十千克,此次称量的质量是高的;如果所称量的物体本身仅重 2~3 g,则此次称量的结果毫无用处。

显而易见,为了判断测量的准确度,必须将绝对误差与所测得的值相比较,即求出其相对误差。

绝对误差 $D(x)$ 与真值的绝对值之比称为相对误差,其表达式为

$$E_r(x) = \frac{D(x)}{|A|} \tag{1-3}$$

用平均值代替真值($\bar{x} \approx A$),则

$$E_r(x) \approx \frac{D(x)}{|\bar{x}|} = \frac{|x - \bar{x}|}{|\bar{x}|} \tag{1-4}$$

测量值

$$x = \bar{x}[1 \pm E_r(x)] \tag{1-5}$$

需要注意,绝对误差是有量纲的值,相对误差是无量纲的真分数。在化工实验中,相对误差常常表示为百分数(%)或千分数(‰)。

2)算术平均误差和标准误差

(1)算术平均误差 n 次测量值的算术平均误差为

$$\delta = \frac{\sum_{i=1}^{n} |x_i - \bar{x}|}{n} \tag{1-6}$$

上式的分子应取绝对值,否则一组测量值($x_i - \bar{x}$)的代数和必为零。

(2)标准误差 n 次测量值的标准误差(亦称均方根误差)为

$$\sigma = \sqrt{\frac{\sum_{i=1}^{n} (x_i - \bar{x})^2}{n-1}} \tag{1-7}$$

（3）算术平均误差与标准误差的联系和区别　n 次测量值的重复性（亦称重现性）愈差，n 次测量值的离散程度愈大，n 次测量值的随机误差愈大，则 δ 值和 σ 值均愈大。因此，可以用 δ 值和 σ 值来衡量 n 次测量值的重复性、离散程度和随机误差。但算术平均误差的缺点是无法表示出各次测量值之间彼此符合的程度。因为偏差相近的一组测量值的算术平均误差可能与偏差有大中小三种情况的另一组测量值相同。而标准误差对一组测量值中的较大偏差或较小偏差很敏感，能较好地表明数据的离散程度。

【例 1-1】　某次测量得到下列两组数据（单位为 cm）。

A 组：4.3　4.4　4.2　4.1　4.0

B 组：3.9　4.2　4.2　4.5　4.2

求各组的算术平均误差与标准误差。

解：算术平均值为

$$\bar{x}_A = \frac{4.3 + 4.4 + 4.2 + 4.1 + 4.0}{5} = 4.2$$

$$\bar{x}_B = \frac{3.9 + 4.2 + 4.2 + 4.5 + 4.2}{5} = 4.2$$

算术平均误差为

$$\delta_A = \frac{0.1 + 0.2 + 0.0 + 0.1 + 0.2}{5} = 0.12$$

$$\delta_B = \frac{0.3 + 0.0 + 0.0 + 0.3 + 0.0}{5} = 0.12$$

标准误差为

$$\sigma_A = \sqrt{\frac{0.1^2 + 0.2^2 + 0.1^2 + 0.2^2}{5 - 1}} \approx 0.16$$

$$\sigma_B = \sqrt{\frac{0.3^2 + 0.3^2}{5 - 1}} \approx 0.21$$

由上例可见，尽管两组数据的算术平均值相同，但它们的离散情况明显不同。由计算结果可知，只有标准误差能反映出数据的离散程度。实验愈准确，标准误差愈小，因此标准误差通常被作为评定 n 次测量值随机误差大小的标准，在化工实验中广泛应用。

（4）标准误差和绝对误差的联系　n 次测量值的算术平均值 $\bar{x}$ 的绝对误差为

$$D(\bar{x}) = \frac{\sigma}{\sqrt{n}} \tag{1-8}$$

n 次测量值的算术平均值 $\bar{x}$ 的相对误差为

$$E_r(\bar{x}) = \frac{D(\bar{x})}{|\bar{x}|} \tag{1-9}$$

由上面的公式可见，n 次测量值的标准误差 σ 愈小，测量次数 n 愈多，算术平均值的绝对误差 $D(\bar{x})$ 愈小。因此增加测量次数 n，以算术平均值作为测量结果，是减小数据随机误差的有效方法之一。

1.1.4　误差的分类

根据误差的性质及产生的原因，可将误差分为系统误差、随机误差和粗大误差三种。

（1）系统误差　是由某些固定不变的因素引起的。在相同条件下进行多次测量,其误数值大小、正负保持恒定,或随条件改变按一定规律变化。有的系统误差随时间呈线性、非线性或周期性变化,有的不随时间变化。

产生系统误差的原因有:①测量仪器方面的因素(仪器设计上的缺点,零件制造不标准,安装不正确,未经校准等);②环境因素(外界温度、湿度及压力变化);③测量方法因素(近似的测量方法或近似的计算公式等);④测量人员的习惯偏向等。

总之,系统误差有固定的偏向和确定的规律,一般可根据具体原因采取相应措施给予校正或用修正公式加以消除。

（2）随机误差　是由某些不易控制的因素造成的。在相同条件下作多次测量,其数值大小、正负是不确定的,即时大时小,时正时负,无固定大小和偏向。随机误差服从统计规律,与测量次数有关。随着测量次数的增加,随机误差可以减小,但不会消除。因此,多次测量值的算术平均值接近于真值。研究随机误差可采用概率统计方法。

（3）粗大误差　是与实际明显不符的误差,主要由于实验人员粗心大意,如读数错误、记录错误或操作失败所致。这类误差往往很大,应在整理数据时将相应的数据加以剔除。

必须指出,上述3种误差在一定条件下可以相互转化。例如:尺子刻度划分有误差,对制造者来说是随机误差;用它进行测量时,将产生系统误差。随机误差和系统误差间并不存在绝对的界限。同样,粗大误差有时难以和随机误差相区别,从而被当作随机误差来处理。

1.1.5　精密度、正确度和准确度

测量的质量和水平可用误差的概念来描述,也可用准确度等概念来描述。为了指明误差的来源和性质,通常用以下3个概念。

（1）精密度　可以衡量某物理量几次测量值之间的一致性,即重复性。它可以反映随机误差的影响程度,精密度高即随机误差小。如果实验的相对误差为0.01%,且误差仅由随机误差引起,则可认为精密度为10^{-4}。

（2）正确度　它是在规定条件下,测量中所有系统误差的综合。正确度高,表示系统误差小。如果实验的相对误差为0.01%,且误差仅由系统误差引起,则可认为正确度为10^{-4}。

（3）准确度(或称精确度)　它表示测量中所有系统误差和随机误差的综合。因此,准确度表示测量结果对真值的逼近程度。如果实验的相对误差为0.01%,且误差由系统误差和随机误差共同引起,则可认为准确度为10^{-4}。

对于实验或测量来说,精密度高,正确度不一定高;正确度高,精密度也不一定高;但准确度高,必定精密度与正确度都高。

1.2　实验数据的有效数字和记数法

1.2.1　有效数字

在实验中,无论是直接测量的数据还是计算结果,用几位有效数字加以表示都是一项很重要的事。有人认为,小数点后面的数字越多就越准确,或者运算结果保留的位数越多就越准确。其实这是错误的想法,原因如下。其一,数据中小数点的位置在前或在后仅与所用的测量单位有关。例如35.6 mm和0.035 6 m这两个数据,准确度相同,但小数点的位置不

同。其二,在实验测量中所使用的仪器仪表只能达到一定的准确度,因此,测量或计算的结果不可能也不应该超越仪器仪表所允许的准确度范围。如上述的长度测量中,标尺最小分度为 1 mm,其读数可以到 0.1 mm(估计值),故数据的有效数字位数是 3 位。

实验数据(包括计算结果)的准确度取决于有效数字的位数,而有效数字的位数又由仪器仪表的准确度决定。换言之,实验数据的有效数字位数必须反映仪器仪表的准确度和存在疑问的数字位置。

在判别一个已知数有几位有效数字时,应注意第一个非零数字前面的所有零都不是有效数字,例如长度为 0.002 34 m,前面的 3 个零不是有效数字,它与所用单位有关,若以 mm 为单位,则为 2.34 mm,有效数字为 3 位。非零数字后面用于定位的零也不一定是有效数字,例如 3 010 有 4 位还是 3 位有效数字,取决于最后面的零是否用于定位。为了明确地读出有效数字位数,应该用科学记数法表示。若 3 010 的有效数字为 4 位,则可写成 3.010×10^3。有效数字为 3 位的数 420 000 可写成 4.20×10^5,0.000 522 可写成 5.22×10^{-4}。这种记数法的特点是小数点前面永远是一位非零数字,"×"号前面的数字都为有效数字。用科学记数法表示的数字,有效数字位数就一目了然了。

【例 1-2】 说明下面左侧数据的有效数字位数。

解:
数据	有效数字位数
0.005 6	2
0.005 600	4
3.600×10^3	4
3.6×10^3	2
4.000	4
5 200	可能是 2 位,也可能是 3 位或 4 位

1.2.2　数字舍入规则

对于位数很多的近似数,当有效数字位数确定后,后面多余的数字应予舍去,保留的有效数字最末一位数字应按以下的舍入规则进行凑整。

①若舍去部分的数值大于保留部分的末位的半个单位,则末位加 1。

②若舍去部分的数值小于保留部分的末位的半个单位,则末位不变。

③若舍去部分的数值等于保留部分的末位的半个单位,则末位凑成偶数。换言之,当末位为偶数时,则末位不变;当末位为奇数时,则末位加 1。

【例 1-3】 将下面左侧的数据保留 3 位有效数字。

解:3.1415→3.14

2.717 2→2.72

2.515 0→2.52

5.625 0→5.62

6.385 01→6.39

由数字取舍而引起的误差称为舍入误差。按上述规则进行数字舍入,舍入误差皆不超过保留数字最末位的半个单位。必须指出,这种舍入规则的第③条明确规定,被舍去的数字不是逢 5 就入,有一半的机会舍掉,有一半的机会进入,舍入机会相等而不会造成偏大的趋势,因而在理论上更加合理。在大量运算时,这种舍入误差的均值趋于零。它较传统的四舍五入方法优越,四舍五入方法见 5 就入,易使所得的数有偏大的趋势。

1.2.3 直接测量值的有效数字

直接测量值的有效数字主要取决于读数时能读到哪一位。如温度计的最小分度是 1 ℃,则有效数字可取至 1 ℃ 的下一位数,如 15.7 ℃,有效数字是 3 位;若读数恰好是 15 ℃,应记为 15.0 ℃,仍然是 3 位有效数字(不能记为 15 ℃)。所记录的有效数字中,只有最后一位是在最小刻度范围内估计读出的,其余的几位数是从刻度上准确读出的。由此可知,在记录直接测量值时,所记录的全部数字都应该是有效数字,其中应保留且只能保留一位估计读出的数字。

1.2.4 非直接测量值的有效数字

①参加运算的常数 π、e 的数值以及某些因子如 $\sqrt{2}$、$1/3$ 等的有效数字取几位为宜,原则上取决于计算所用的原始数据的有效数字位数。假设参与计算的原始数据中有效数字位数最多的是 n 位,则引用上述常数时宜取 $n+2$ 位,目的是避免常数的引入造成更大的误差。工程上,在大多数情况下,对于上述常数可取 5~6 位有效数字。

②在数据运算过程中,为兼顾结果的精度和运算的方便,在工程上,所有的中间运算结果,一般宜取 5~6 位有效数字。

③表示误差大小的数据一般宜取 1(或 2)位有效数字。由于误差提供了数据准确程度的信息,为避免过于乐观,并提供必要的保险,在确定误差的有效数字时也用截断的方法,将保留数字末位加 1,以使给出的误差值大一些,而无须考虑前面所说的数字舍入规则。如误差为 0.561 2,可写成 0.6 或 0.57。

④作为最后的实验结果的数据是间接测量值时,其有效数字位数的确定方法如下:先对其绝对误差的数值按上述先截断后保留数字末位加 1 的原则进行处理,保留 1~2 位有效数字;然后令待定位的数据与绝对误差值以小数点为基准对齐,待定位数据中与绝对误差末位有效数字对齐的数字即为有效数字的末位;最后按前面讲的数字舍入规则将末位有效数字右边的数字舍去。

【例 1-4】 将下面的数据保留适当的有效数字。

解:①$y = 6.701\ 158\ 24$,$\Delta y = \pm 0.004\ 536$(单位暂略)。

取 $\Delta y = \pm 0.004\ 6$(截断后末位加 1,取 2 位有效数字)。

以小数点为基准对齐　6.701 1 ¦ 58 24

　　　　　　　　　　0.004 6 ¦

故该数据应保留 5 位有效数字。按本章所述的数字舍入规则,该数据 $y = 6.701\ 2$。

②$y = 2.345\ 0 \times 10^{-8}$,$\Delta y = \pm 0.8 \times 10^{-9}$(单位暂略)。

取 $\Delta y = \pm 0.8 \times 10^{-9} = \pm 0.08 \times 10^{-8}$(使 Δy 和 y 都是 $\times 10^{-8}$)。

以小数点为基准对齐　2.34 ¦ 5 0 $\times 10^{-8}$

　　　　　　　　　　0.08 ¦ 　　$\times 10^{-8}$

可见该数据应保留 3 位有效数字。经舍入处理后,该数据 $y = 2.34 \times 10^{-8}$。

1.3 随机误差

1.3.1 随机误差的正态分布

实验与理论均证明,随机误差的分布服从正态分布,又称高斯(Gauss)误差分布,其分布曲线如图 1-1 所示。图中横坐标为随机误差 x,纵坐标为概率密度函数 y。随机误差落在 $x \sim (x + \mathrm{d}x)$ 之间的概率可表示为

$$\mathrm{d}P = y\mathrm{d}x \tag{1-10}$$

正态分布具有以下特性。

① 绝对值相等的正负误差出现的概率相等,曲线在纵轴左右对称,称为误差的对称性。

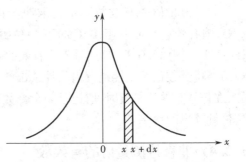

图 1-1 随机误差正态分布的概率密度曲线

② 绝对值小的误差比绝对值大的误差出现的概率大,曲线的形状为中间高两边低,称为误差的单峰性。

③ 在一定的测量条件下,随机误差的绝对值不会超过一定界限,称为误差的有界性。

④ 随着测量次数的增加,随机误差的算术平均值趋于零,称为误差的抵偿性。抵偿性是随机误差最本质的统计特性,换言之,凡具有抵偿性的误差,原则上均按随机误差处理。

1.3.2 概率密度分布函数

高斯(Gauss)于 1795 年提出了随机误差正态分布的概率密度函数

$$y(\sigma = \sigma) = \frac{1}{\sigma \sqrt{2\pi}} \mathrm{e}^{-\frac{x^2}{2\sigma^2}} \tag{1-11}$$

式中 σ——标准误差,$\sigma > 0$;

x——随机误差(测量值减算术平均值);

y——概率密度函数,$\sigma = \sigma$ 表示标准误差 σ 可以是某范围内的任意值。

以上称为高斯误差分布定律。根据式(1-11)画出的图 1-1 中的曲线称为随机误差的概率密度分布曲线。

$\sigma = 1$ 时,式(1-11)变为

$$y(\sigma = 1) = \frac{1}{\sqrt{2\pi}} \mathrm{e}^{-\frac{x^2}{2}} \tag{1-12}$$

式(1-12)所描述的分布称为标准正态分布。

1.3.3 正态分布的特征值

1. 算术平均值 $\bar{x}$

设 $x_1, x_2, \cdots, x_n$ 为 n 次测量所得的值,则算术平均值为

$$\bar{x} = \frac{1}{n} \sum_{i=1}^{n} x_i \tag{1-13}$$

这样求得的算术平均值与测量值的真值最为接近。显然,若测量次数无限增加,算术平

均值 $\bar{x}$ 必然趋近于真值 A。

2. 标准误差 σ

如前所述,标准误差可表明离散程度。当 σ 较小时,实验数据分布较密,即密集分布在某个狭窄的区域内,说明测量的质量很高。由式(1-11)可看出,σ 愈小,e 指数的绝对值愈大,y 减小愈快,分布曲线愈陡,数据愈集中,小的随机误差出现的概率愈大,测量的准确度愈高。如图 1-2 所示,σ 愈大,分布曲线愈平坦,大的随机误差出现的概率愈大,

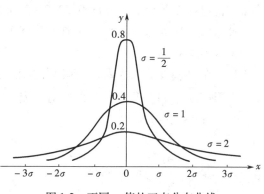

图 1-2　不同 σ 值的正态分布曲线

测量值的分散性愈好,意味着实验的准确度愈低。这再次说明标准误差 σ 是评定实验质量的一个有效的指标。

3. 极限误差 σ_{max}

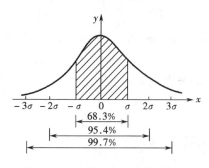

图 1-3　正态分布概率的分布情况

常取 3σ 为极限误差,其所对应的置信度为 99.7%,这说明真值几乎总是落在以极限误差为半径的区间内,落在此区间以外的可能性只有 0.3%,如图 1-3 所示。概率很小的所谓小概率事件,在事件的总个数不是很多的情况下,实际上可认为是不可能出现的。若万一出现,例如某一实验点的随机误差的绝对值大于 3σ,应该有 99.7% 的把握说该实验点有严重的异常情况,应该单独对它进行认真的分析和处理。

1.4　直接测量值的误差估算

1.4.1　一次测量值的误差估算

在实验中,由于条件不许可或要求不高等原因,如对物理量的测量只进行了一次,可根据具体情况对测量值的误差进行合理的估计。下面介绍如何根据所使用的仪表估算一次测量值的误差。

1. 给出准确度等级类的仪表(如电工仪表、转子流量计等)

1)准确度的表示方法

这类仪表的准确度常采用仪表的最大引用误差和准确度等级来表示。

仪表的最大引用误差定义为

$$最大引用误差 = \frac{仪表示值的绝对误差值}{仪表相应档次量程的绝对值} \times 100\% \tag{1-14}$$

式中,仪表示值的绝对误差值是在规定的正常情况下,被测参数的测量值与被测参数的标准值之差的绝对值的最大值。对于多挡仪表,不同档次示值的绝对误差和量程范围均不相同。

式(1-14)表明,若仪表示值的绝对误差相同,则量程范围愈大,最大引用误差愈小。

将仪表的最大引用误差去掉"%"号,便可确定仪表的准确度等级。目前,我国生产的仪表常用的准确度等级有 0.005、0.02、0.05、0.1、0.2、0.5、1.0、1.5、2.5、4.0 等。例如:某台压力计最大引用误差为 1.5%,则其准确度等级为 1.5 级。

2)测量误差的估算

设仪表的准确度等级为 P 级,则最大引用误差为 $P\%$。若仪表的测量范围为 x_n,仪表的示值为 x,则由式(1-14)得该示值的绝对误差

$$D(x) \leqslant x_n \times P\% \tag{1-15}$$

相对误差

$$E_r(x) = \frac{D(x)}{x} \leqslant \frac{x_n}{x} \times P\% \tag{1-16}$$

式(1-15)和式(1-16)表明:

①若仪表的准确度等级 P 和测量范围 x_n 固定,则测量的示值 x 愈大,测量值的相对误差愈小;

②选用仪表时,不能盲目地追求仪表的准确度等级,因为测量值的相对误差还与 x_n/x 有关,应该兼顾仪表的准确度等级和 x_n/x。

【例 1-5】 今欲测量大约 90 V 的电压,实验室有 0.5 级 0~300 V 和 1.0 级 0~100 V 的电压表,选用哪一种电压表测量较好?

解:用 0.5 级 0~300 V 的电压表测量 90 V 电压时的最大相对误差为

$$E_r(x) = \frac{x_n}{x} \times P\% = \frac{300}{90} \times 0.5\% = 1.7\%$$

而用 1.0 级 0~100 V 的电压表测量 90 V 电压时的最大相对误差为

$$E_r(x) = \frac{100}{90} \times 1.0\% = 1.1\%$$

此例说明,如果选择恰当,用量程范围适当的 1.0 级仪表进行测量,能得到比用量程范围大的 0.5 级仪表更准确的结果。因此,在选用仪表时,要纠正单纯追求准确度等级"越高越好"的倾向,而应根据被测量的大小,兼顾仪表的准确度等级和测量上限,合理地选择仪表。

2. 不给出准确度等级类的仪表(如天平等)

1)准确度的表示方法

这类仪表的准确度用下式表示:

$$准确度 = \frac{0.5 \times 名义分度值}{量程范围} \tag{1-17}$$

式中,名义分度值是测量仪表的最小分度所代表的数值。如 TG-328A 型天平,其名义分度值(感量)为 0.1 mg,测量范围为 0~200 g,则

$$准确度 = \frac{0.1 \times 0.5}{(200-0) \times 10^3} = 2.5 \times 10^{-7}$$

若仪表的准确度已知,也可用式(1-17)求得其名义分度值。

2)测量误差的估算

使用这类仪表时,测量值的误差可用下式来确定:

$$绝对误差 \leqslant 0.5 \times 名义分度值 \tag{1-18}$$

$$相对误差 = \frac{0.5 \times 名义分度值}{测量值} \tag{1-19}$$

从上述两类仪表看,测量值越接近量程上限,其测量准确度越高;测量值越远离量程上限,其测量准确度越低。这就是使用仪表时尽可能在仪表满刻度值 2/3 以上的量程内进行测量的缘由所在。

1.4.2　多次测量值的误差估算

如果一个物理量的值是通过多次测量得出的,那么该测量值的误差可通过标准误差来估算。

设某一物理量重复测量了 n 次,各次测量值分别为 $x_1, x_2, \cdots, x_n$,该组数据的平均值 $\bar{x} = \dfrac{x_1 + x_2 + \cdots + x_n}{n}$,标准误差 $\sigma = \sqrt{\dfrac{\sum (x_i - \bar{x})^2}{n-1}}$,则

$$绝对误差 = \frac{\sigma}{\sqrt{n}} \tag{1-20}$$

$$相对误差 = \frac{\sigma}{\sqrt{n}} \Big/ \bar{x} \tag{1-21}$$

1.5　间接测量值的误差估算

间接测量值由几个直接测量值按一定的函数关系计算而得,如直管摩擦阻力系数 $\lambda = \dfrac{2d}{\rho \cdot l} \times \dfrac{\Delta p_{\mathrm{f}}}{u^2}$ 就是间接测量值,由于直接测量值有误差,因而间接测量值也必然有误差。怎样由直接测量值的误差估算间接测量值的误差? 这就涉及误差的传递问题。

1.5.1　误差传递的一般公式

设有一间接测量值 y,y 是直接测量值 $x_1, x_2, \cdots, x_n$ 的函数,即 $y = f(x_1, x_2, \cdots, x_n)$,$\Delta x_1$,$\Delta x_2, \cdots, \Delta x_n$ 分别代表测量值 $x_1, x_2, \cdots, x_n$ 的绝对误差,Δy 代表由 $\Delta x_1, \Delta x_2, \cdots, \Delta x_n$ 引起的 y 的绝对误差。则

$$\Delta y = f(x_1 + \Delta x_1, x_2 + \Delta x_2, \cdots, x_n + \Delta x_n) - f(x_1, x_2, \cdots, x_n) \tag{1-22}$$

按泰勒(Talor)级数展开,并略去二阶以上的量,得到

$$\Delta y = \frac{\partial y}{\partial x_1} \Delta x_1 + \frac{\partial y}{\partial x_2} \Delta x_2 + \cdots + \frac{\partial y}{\partial x_n} \Delta x_n$$

或

$$\Delta y = \sum_{i=1}^{n} \frac{\partial y}{\partial x_i} \Delta x_i$$

在数学上,式中 Δx_i 和 $\dfrac{\partial y}{\partial x_i}$ 均可正可负,在误差估算中常常无法确定它们的正负,因此上式无法直接用于误差的估算。

在实际应用中,常采用最大误差法(绝对值相加法)来估算间接测量值的误差。即从最

保险的角度出发,不考虑误差实际上有抵消的可能,此时间接测量值 y 的最大绝对误差为

$$D(y) = \sum_{i=1}^{n} \left| \frac{\partial y}{\partial x_i} D(x_i) \right| \qquad (1\text{-}23)$$

式中 $\dfrac{\partial y}{\partial x_i}$——误差传递系数;

$\quad\quad D(x_i)$——直接测量值的误差;

$\quad\quad D(y)$——间接测量值的最大误差。

最大相对误差为

$$E_r(y) = \sum_{i=1}^{n} \left| \frac{\partial y}{\partial x_i} \frac{D(x_i)}{y} \right| \qquad (1\text{-}24)$$

由式(1-23)和式(1-24)可以看出,间接测量值的误差不仅取决于直接测量值的误差,还取决于误差传递系数。

1.5.2 误差传递公式的应用

1. 加、减函数

【例1-6】 求函数 $y = 4x_1 + 2x_2 - 3x_3$ 的绝对误差和相对误差。

解:此函数的绝对误差为

$$D(y) = 4D(x_1) + 2D(x_2) + 3D(x_3)$$

相对误差为

$$E_r(y) = \frac{D(y)}{|y|}$$

由此可见,加、减函数的最大绝对误差等于参与加、减运算的各项的绝对误差之和;常数与变量乘积的绝对误差等于常数的绝对值乘以变量的绝对误差。

【例1-7】 求函数 $y = x_1 - x_2$ 的绝对误差和相对误差。

解:绝对误差为

$$D(y) = D(x_1) + D(x_2)$$

相对误差为

$$E_r(y) = \frac{D(y)}{|y|}$$

由上式知,$x_1 - x_2$ 愈小,相对误差愈大,有时可能在差值计算中使原始数据所固有的准确度全部损失掉。如 $539.5 - 538.5 = 1.0$,原始数据的绝对误差等于0.5,相对误差小于0.093%;但函数的绝对误差为 $0.5 + 0.5 = 1.0$,相对误差为 $1.0/1.0 = 100\%$,是原始数据相对误差的1 075倍。故在实际工作中应尽量避免出现此类情况。难以避免时,一般可采取两种措施:一种是改变函数形式,如设法转换为三角函数;另一种是在计算过程中人为地多取几位有效数字,以尽可能减小函数的相对误差。

2. 乘、除函数

【例1-8】 求函数 $y = x^3$ 的绝对误差和相对误差。

解:传递系数

$$\frac{\partial y}{\partial x} = 3x^2$$

相对误差为

$$E_r(y) = \frac{D(y)}{|y|} = \frac{\frac{\partial y}{\partial x}D(x)}{|x^3|} = 3E_r(x)$$

绝对误差为

$$D(y) = E_r(y) \times |y|$$

【例 1-9】　求函数 $y = \dfrac{x_1 x_2^2 x_3^3}{x_4^4 x_5^5}$ 的绝对误差和相对误差。

解: 传递系数

$$\frac{\partial y}{\partial x_1} = \frac{x_2^2 x_3^3}{x_4^4 x_5^5}, \frac{\partial y}{\partial x_2} = \frac{2x_1 x_2 x_3^3}{x_4^4 x_5^5}, \frac{\partial y}{\partial x_3} = \frac{3x_1 x_2^2 x_3^2}{x_4^4 x_5^5}, \frac{\partial y}{\partial x_4} = \frac{-4x_1 x_2^2 x_3^3}{x_4^5 x_5^5}, \frac{\partial y}{\partial x_5} = \frac{-5x_1 x_2^2 x_3^3}{x_4^4 x_5^6}$$

相对误差为

$$E_r(y) = \left|\frac{D(x_1)}{x_1}\right| + 2\left|\frac{D(x_2)}{x_2}\right| + 3\left|\frac{D(x_3)}{x_3}\right| + 4\left|\frac{D(x_4)}{x_4}\right| + 5\left|\frac{D(x_5)}{x_5}\right|$$

$$= E_r(x_1) + 2E_r(x_2) + 3E_r(x_3) + 4E_r(x_4) + 5E_r(x_5)$$

绝对误差为

$$D(y) = E_r(y) \times |y|$$

由上可知,积和商的相对误差等于参与运算的各项的相对误差之和,而幂运算结果的相对误差等于底数的相对误差乘以其方次。因此,乘除运算进行得愈多,计算结果的相对误差也就愈大。

对于乘除运算式,先计算相对误差,再计算绝对误差较方便。对于加减运算式,则正好相反。

现将计算某些函数误差的公式列于表 1-1 中。

表 1-1　计算某些函数误差的公式

函数式	绝对误差 $D(y)$	相对误差 $E_r(y)$
$y = c$	$D(y) = 0$	$E_r(y) = 0$
$y = x_1 + x_2 + x_3$	$D(y) = D(x_1) + D(x_2) + D(x_3)$	$E_r(y) = D(y)/|y|$
$y = cx$	$D(y) = |c| \times D(x)$	$E_r(y) = D(y)/|y| = E_r(x)$
$y = cx_1 - x_2$	$D(y) = |c|D(x_1) + D(x_2)$	$E_r(y) = D(y)/|y|$
$y = x_1 x_2$	$D(y) = E_r(y) \times |y|$	$E_r(y) = E_r(x_1) + E_r(x_2)$
$y = x_1 x_2 / x_3$	$D(y) = E_r(y) \times |y|$	$E_r(y) = E_r(x_1) + E_r(x_2) + E_r(x_3)$
$y = x^n$	$D(y) = E_r(y) \times |y|$	$E_r(y) = |n| \times E_r(x)$
$y = \sqrt[n]{x}$	$D(y) = E_r(y) \times |y|$	$E_r(y) = \dfrac{1}{n} \times E_r(x)$
$y = \lg x$	$D(y) = 0.4343 E_r(x)$	$E_r(y) = D(y)/|y|$

1.5.3 误差分析的应用

根据各直接测量值的误差和已知的函数关系计算间接测量值的误差,确定实验的准确度,找到误差的主要来源及每一个因素所引起的误差大小,可以改进研究方法和方案。

【例 1-10】 在干燥实验中,恒速干燥阶段物料表面与空气之间的对流传热系数 α 可按下式计算:

$$\alpha = \frac{U_c \cdot r_{t_w}}{t - t_w} = \frac{\dfrac{\Delta W}{S \cdot \Delta \tau} \cdot r_{t_w}}{t - t_w} = \frac{\Delta W \cdot r_{t_w}}{2ab \cdot \Delta \tau \cdot (t - t_w)}$$

式中　α——恒速干燥阶段物料表面与空气之间的对流传热系数,$W/(m^2 \cdot \mathbb{C})$;

　　　U_c——恒速干燥阶段的干燥速率,$kg/(m^2 \cdot s)$;

　　　t_w——干燥器内空气的湿球温度,$\mathbb{C}$;

　　　t——干燥器内空气的干球温度,$\mathbb{C}$;

　　　r_{t_w}——t_w 下水的汽化热,J/kg;

　　　$\Delta \tau$——时间间隔,s;

　　　ΔW——在 $\Delta \tau$ 内汽化的水分量,kg;

　　　S——干燥面积,$S = 2ab$,干燥物料的厚度很薄,可忽略不计,m^2;

　　　a——干燥物料的长度,m;

　　　b——干燥物料的宽度,m。

已测得的数据为:$a = 0.154\ 0\ m$,$b = 0.057\ 0\ m$,测量 a、b 用的标尺的最小刻度为 $1\ mm$;$t = 90.0\ \mathbb{C}$,$t_w = 43.5\ \mathbb{C}$,干湿球温度计的量程为 $0 \sim 150\ \mathbb{C}$,精度为 0.5 级;$\Delta \tau = 180\ s$,计时采用数字式秒表,读数可读到 $0.01\ s$;$\Delta W = 2.9\ g$,质量传感器的量程为 $0 \sim 200\ g$,精度为 0.2 级。试估算和分析对流传热系数 α 的误差。

解: 对流传热系数 α 的误差估算式为

$$E_r(\alpha) = E_r(\Delta W) + E_r(\Delta \tau) + E_r(a) + E_r(b) + E_r(t - t_w)$$

(1)各直接测量值误差的估算

① $a = 0.154\ 0\ m$,

绝对误差

$$D(a) = 0.000\ 5\ m(最小刻度值的 1/2)$$

相对误差

$$E_r(a) = \frac{D(a)}{|a|} = 0.33\%$$

② 同理,$b = 0.057\ 0\ m$,

$$D(b) = 0.000\ 5\ m$$

$$E_r(b) = \frac{D(b)}{|b|} = 0.88\%$$

③ $\Delta \tau = \tau_1 - \tau_2 = 180\ s$。

尽管秒表的读数可读到 $0.01\ s$,但计时中的开、停秒表操作会给 $\Delta \tau$ 的测量值带来较大的随机误差。取 $D(\tau_1) = D(\tau_2) = 0.5\ s$。

$$D(\Delta \tau) = D(\tau_1) + D(\tau_2) = 1.0\ s$$

$$E_r(\Delta\tau) = \frac{D(\Delta\tau)}{|\Delta\tau|} = 0.56\%$$

④$t - t_w = 90.0 - 43.5 = 46.5$ ℃。

$$D(t) = D(t_w) = 150 \times 0.5\% = 0.75 \text{ ℃}$$

$$D(t - t_w) = D(t) + D(t_w) = 1.5 \text{ ℃}$$

$$E_r(t - t_w) = \frac{D(t - t_w)}{|t - t_w|} = \frac{1.5}{46.5} = 3.3\%$$

⑤$\Delta W = W_2 - W_1 = 2.9$ g。

$$D(W_2) = D(W_1) = 200 \times 0.2\% = 0.4 \text{ g}$$

$$D(\Delta W) = D(W_2) + D(W_1) = 0.8 \text{ g}$$

$$E_r(\Delta W) = \frac{D(\Delta W)}{|\Delta W|} = \frac{0.8}{2.9} = 27.6\%$$

（2）最后的计算结果误差的估算

$$\begin{aligned}E_r(\alpha) &= E_r(\Delta W) + E_r(\Delta\tau) + E_r(a) + E_r(b) + E_r(t - t_w) \\ &= 27.6\% + 0.56\% + 0.33\% + 0.88\% + 3.3\% \\ &= 33\%\end{aligned}$$

（3）求恒速干燥阶段物料表面与空气之间的对流传热系数 α

$t_w = 43.5$ ℃对应的汽化热 $r_{t_w} = 2\,394.1$ kJ/kg，

$$\alpha = \frac{\Delta W \cdot r_{t_w}}{2ab \cdot \Delta\tau \cdot (t - t_w)} = 47.2 \text{ W/(m}^2 \cdot \text{℃)}$$

$$D(\alpha) = E_r(\alpha) \cdot \alpha = 47.2 \times 33\% = 15.6 \text{ W/(m}^2 \cdot \text{℃)}$$

或

$$\alpha = (47.2 \pm 15.6) \text{ W/(m}^2 \cdot \text{℃)}$$

（4）产生误差的主要原因及其对策的分析

各测量值的误差占总误差的比例如表 1-2 所示。

表 1-2 各测量值的误差占总误差的比例

$\dfrac{E_r(\Delta\tau)}{E_r(\alpha)}$	$\dfrac{E_r(\Delta W)}{E_r(\alpha)}$	$\dfrac{E_r(t - t_w)}{E_r(\alpha)}$	$\dfrac{E_r(a) + E_r(b)}{E_r(\alpha)}$
$\dfrac{0.56\%}{33\%} = 1.7\%$	$\dfrac{27.6\%}{33\%} = 83.6\%$	$\dfrac{3.3\%}{33\%} = 10.0\%$	$\dfrac{0.33\% + 0.88\%}{33\%} = 3.7\%$

由以上计算可见：尽管选用的质量传感器精度很高，但造成 α 误差的主要因素仍是 ΔW 的测量，因此要尽可能提高 ΔW 的测量精度。如果受实验条件限制，$D(\Delta W)$ 无法减小，要减小 $E_r(\Delta W)$ 只能增大 ΔW 的值。一种方法是在保证恒速干燥阶段的数据点足够多的前提下，尽可能提高热空气的温度或流量；另一种方法是适当增大数据采集时间间隔 $\Delta\tau$，但 $\Delta\tau$ 不能过大，否则会影响图线的准确性。

本章符号表

英文字母

A——真值；

c——正态分布置信系数，常数；

D——绝对误差；

d——偏差，管道内径（m）；

E_r——相对误差；

n——测量次数；

dP——误差值出现在 $x \sim (x+dx)$ 范围内的概率；

P——误差值出现在 $x_1 \sim x_2$ 范围内的概率，仪表的准确度等级；

x——测量值，测量的随机误差；

$\bar{x}$——算术平均值；

Δx——测量值的绝对误差；

y——概率密度，测量值的函数；

Δy——函数的绝对误差；

$\dfrac{\partial y}{\partial x_i}$——误差传递系数。

希腊字母

δ——算术平均误差；

σ——标准误差。

习　题

1. 某矿石经分析测定含铁量的实验数据如下表所示，求该矿石的平均含铁量及标准误差。

序号	1	2	3	4	5	6	7	8	9
含铁量/%（质量）	1.52	1.46	1.61	1.54	1.55	1.49	1.68	1.46	1.50

2. 今欲测量大约 8 kPa（表压）的空气压力，实验仪表用：①1.5 级，量程 0.2 MPa 的弹簧管压力表；②标尺分度为 1 mm 的 U 形管水银压差计；③标尺分度为 1 mm 的 U 形管水柱压差计。求相对误差。

3. 用体积法标定流量计时，待标定流量计的流量通常按下式计算：

$$Q = \frac{\Delta V}{\Delta \tau} = \frac{A \times \Delta h}{\Delta \tau} = \frac{l \times b \times \Delta h}{\Delta \tau}$$

式中　Q——体积流量，m³/s；

$\Delta \tau$——用计量桶接收液体的时间，s；

Δh——在 $\Delta \tau$ 内计量桶内液面的升高量，m；

A——计量桶的水平截面面积，m²；

l,b——计量桶水平截面的长和宽，m。

已测得的数据为：$l = 0.500\ 0$ m，$b = 0.300\ 0$ m，$\Delta h = 0.550\ 0$ m，$\Delta \tau = 32.16$ s。测量 l、b、Δh 用的标尺的最小刻度为 1 mm；计时采用数字式秒表，读数可读到 0.01 s。试估算和分析体积流量 Q 的误差。

4. 离心泵性能测定实验选用的测量仪表为：液体转子流量计 1，量程为 600～6 000 L/h，精度为 2.5 %；液体转子流量计 2，量程为 60～600 L/h，精度为 1.5%；压力表，量程为 0～1.0 MPa（表压），精度为 1.5%；真空表，量程为 0～0.1 MPa（真空度），精度为 1.5%；功率表，量程为 0～600.0 W，最小分度值为 10 W。离心泵进、出口管路内径均为 0.027 m，压力表取压口与真空表取压口之间的垂直距离为 0.300 0 m。实验得到一组数据如下：液体转子流量计读数为 3 500 L/h，压力表读数为 0.059 MPa（表压），真空表读数为 0.055 MPa（真空度），功率表读数为 440.0 W，离心泵转速为 2 900 r/min，电机效率为 60%，实验过程中水温恒定为 20.0 ℃。计算出该点的泵效率，并进行误差估算。

第2章　实验数据处理

2.1　列表法和图示法

2.1.1　列表法

列表法就是将实验数据列成表格表示,通常是整理数据的第一步,为标绘曲线图或整理成数学公式打下基础。

1. 实验数据表的分类

实验数据表一般分为原始数据记录表、整理计算数据表及混合数据表。

(1)原始数据记录表　必须在实验前设计好,以清楚地记录所有待测数据,如采用标准流量计标定孔板流量计实验的原始数据记录表如表2-1所示。

表2-1　流量计标定实验原始数据记录表

年　月　日

装置编号:　　　　　　　　　　孔板孔径:　　　　　　　　　　平均温度:

序号 项目	孔板流量计压差读数/kPa	标准流量计读数/(m^3/h)
1		
2		
3		
4		
5		
6		
7		
8		
9		
10		

备注:

(2)整理计算数据表　应简明扼要,只表达主要物理量(参变量)的计算结果,如流量计标定实验的整理计算数据表如表2-2所示。

表2-2 流量计标定实验的整理计算数据表

序号 项目	流量 $Q/(\text{m}^3/\text{h})$	压差 $\Delta p/\text{kPa}$	流量系数 C_0	雷诺数 Re
1				
2				
3				
4				
5				
6				
7				
8				
9				
10				

（3）混合数据表　如果所测量的参数和计算的参数不多,可将原始数据记录表和整理计算数据表合在一起,就是混合数据表。

2. 拟定实验数据表应注意的事项

①数据表的表头要列出物理量的名称、符号和单位。单位不宜混在数字之中,以免分辨不清。

②要注意有效数字位数,即记录的数字有效数字位数应与测量仪表的准确度相匹配,不可过多或过少。

③物理量的数值较大或较小时,要用科学记数法来表示,采用"物理量的符号 $\times 10^{\pm n}/$ 单位"的形式,将 $10^{\pm n}$ 记入表头。注意,表头中的 $10^{\pm n}$ 与表中的数据应服从下式:

物理量的实际值 $\times 10^{\pm n} =$ 表中数据

④为便于排版和引用,每一个数据表都应在表的上方写明表号和表题(表名)。表格应按出现的顺序编号。表格在正文中应有所交代,同一个表尽量不跨页,必须跨页时,在后页上要注上"续表……"。

⑤数据表要正规,数据一定要书写清楚、整齐,不得潦草。修改时宜用单线将错误的划掉,将正确的写在下面。各种实验条件及作记录者的姓名可作为"备注"写在表的下方。

2.1.2 图示法

图示法的优点是直观清晰,便于比较,容易看出数据的极值点、转折点、周期性、变化率以及其他特性。准确的图形还可以在不知数学表达式的情况下进行微积分运算,因此得到广泛的应用。

作曲线图必须依据一定的法则,只有遵守这些法则,才能得到与实验点偏差最小且光滑的曲线图形。

1. 坐标系的选择

化工中常用的坐标系为直角坐标系,包括笛卡尔坐标系(又称普通直角坐标系)、半对数坐标系(一个轴是分度均匀的普通坐标轴,另一个轴是分度不均匀的对数坐标轴)和对数坐标系(两个轴都是对数坐标轴)。应根据实验数据的特点选择合适的坐标系。

在下列情况下,建议用半对数坐标系。

①变量之一在所研究的范围内发生了几个数量级的变化。如流量计标定实验中流量系数与雷诺数的关系曲线应采用半对数坐标系,如图 2-1 所示。

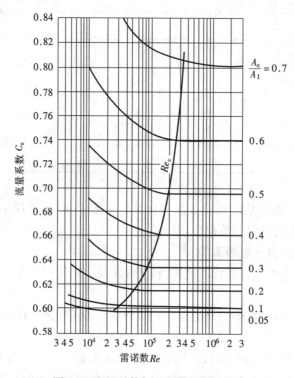

图 2-1　流量系数与雷诺数的关系曲线

②在自变量由零逐渐增大的初始阶段,当自变量的少许变化引起因变量的极大变化时,采用半对数坐标系,曲线的最大变化范围可增大,使图形轮廓清楚。

③需要将某种函数变换为线性函数,如指数函数 $y = ae^{bx}$。

在下列情况下,应用对数坐标系。

①所研究的函数 y 和自变量 x 在数值上均变化了几个数量级。如流体流动摩擦系数 λ 与雷诺数 Re 的关系曲线应采用对数坐标系标绘。

②需要将曲线的开始部分划分成展开的形式。

③当需要变换某种非线性关系为线性关系时,例如节流式流量计流量与压差的关系,如图 2-2 所示。

2. 其他必须注意的事项

①坐标分度。坐标分度是每条坐标轴所能代表的物理量的大小,即坐标轴的比例尺。坐标分度应该与实验数据的有效数字位数相匹配,并且方便读出数据点的坐标值。所以,建议坐标轴的比例常数为 $M = (1,2,5) \times 10^{\pm n}$($n$ 为整数),不使用 3、6、7、8、9 等比例常数,因

为采用后者绘图时较麻烦，而且从图上读数时容易导致错误。

②图线光滑。利用曲线板等工具将各离散点连接成光滑的曲线，并使曲线尽可能通过较多的实验点，或者使曲线以外的点尽可能位于曲线附近，并使曲线两侧的点数大致相等。

③定量绘制的坐标图，坐标轴上必须标明该坐标所代表的变量的名称、符号及所用的单位。

④图必须有图号和图名，以便排版和引用，必要时还应有图注。

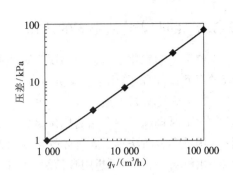

图 2-2 节流式流量计流量与压差的关系

⑤不同线上的数据点可用○、△等不同符号表示，且必须在图上明显地标出。

2.2 实验数据的回归分析法

在实验研究中，除了用表格和图形描述变量之间的关系外，常常把实验数据整理成为方程式，以描述过程或现象的自变量和因变量之间的关系，即建立过程的数学模型。回归分析法是目前在寻求实验数据的变量关系的数学模型时应用最广泛的一种数学方法，回归分析法与计算机相结合已成为确定模型表达式最有效的手段之一。

2.2.1 回归分析法的含义和内容

1. 回归分析法的含义

回归分析是处理变量之间关系的一种数理统计方法。用这种数学方法可以从大量观测的散点数据中寻找到能反映事物内部特点的一些统计规律，并可以数学模型的形式表达出来，称它为回归方程（回归模型）。

对具有相关关系的两个变量，若用一条直线描述，则称一元线性回归；若用一条曲线描述，则称一元非线性回归。对具有相关关系的三个变量（其中一个因变量、两个自变量），若用平面描述，则称二元线性回归；若用曲面描述，则称二元非线性回归。依此类推，可以延伸到 n 维空间进行回归，则称多元线性或非线性回归。

2. 回归分析法所包括的内容

回归分析法所包括的内容或可以解决的问题概括起来有如下 4 个方面。

①根据一组实测数据，选择合适的回归表达式形式，选定适宜的回归方法，解方程得到变量之间的数学关系式，即回归方程。

②判明所得到的回归方程式的有效性。回归方程式是通过数理统计方法得到的，是一种近似结果，必须对它的有效性作定量检验。

③根据一个或几个变量的取值，预测或控制另一个变量的取值，并确定其准确度（精度）。

④进行因素分析。对于一个因变量受多个自变量（因素）影响的情况，可以分清各自变量的主次，分析各个自变量（因素）之间的关系。

2.2.2 回归表达式形式的选择

鉴于化学和化工是以实验研究为主的科学领域,很难由纯数学物理方法推导出确定的数学模型,因而常采用半理论分析方法、纯经验方法和由实验曲线确定回归表达式形式。

1. 半理论分析方法

化工原理课程中介绍的用量纲分析法推导出准数关系式是最常见的一种半理论分析方法。用量纲分析法不需要首先导出现象的微分方程。但是,如果已经有了微分方程,暂时难以得出解析解,或者不想用数值解,也可以导出准数关系式,然后由实验确定其系数。例如,动量、热量和质量传递过程的准数关系式分别为

$$Eu = A\left(\frac{l}{d}\right)^a Re^b \; ; Nu = BRe^c Pr^d \; ; Sh = CRe^e Sc^f$$

各式中的常数($A, a, b, \cdots$)可由实验数据通过计算求出。

2. 纯经验方法

根据专业人员长期积累的经验,有时也可决定整理数据时应采用什么样的数学模型。比如,在不少化学反应中常用 $y = ae^{bt}$ 或者 $y = ae^{bt+ct^2}$ 的形式。溶解热或热容和温度的关系可用多项式 $y = b_0 + b_1 x + b_2 x^2 + \cdots + b_m x^m$ 来表达。又如在生物实验中培养细菌,假设原来细菌的数量为 a,繁殖率为 b,则某一时刻的细菌总量 y 与时间 t 呈指数关系,即 $y = ae^{bt}$。

3. 由实验曲线确定回归表达式形式

如果在整理实验数据时,对选择模型既无理论指导,又无经验可以借鉴,可将实验数据标绘在普通坐标纸上,得到一条直线或曲线。

如果是直线,则根据初等数学可知 $y = a + bx$,其中 a、b 值可由直线的截距和斜率得。如果不是直线,也就是说 y 和 x 不是线性关系,则可将实验曲线和典型函数曲线相对照,选择与实验曲线相似的典型函数,然后对所选函数与实验数据的符合程度加以检验。化工中常见的曲线与函数之间的关系见表2-3。

表2-3 化工中常见的曲线与函数之间的关系(摘自《化工数据处理》)

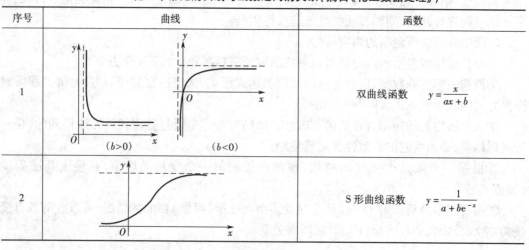

序号	曲线	函数
1		双曲线函数 $y = \dfrac{x}{ax+b}$
2		S形曲线函数 $y = \dfrac{1}{a+be^{-x}}$

序号	曲线	函数
3	 (b>0)　(b<0)	指数函数　$y=ae^{bx}$
4	(b>0)　(b<0)	指数函数　$y=ae^{\frac{b}{x}}$
5	b>1　b=1　0<b<1　(b>0)　-1<b<0　b=-1　b<-1　(b<0)	幂函数　$y=ax^{b}$
6	(b>0)　(b<0)	对数函数　$y=a+b\lg x$

2.2.3　一元线性回归

虽然化工过程中遇到的回归问题多为二元以上的回归,但因为一元线性回归的概念容易理解,因此在此讲述一元线性回归,以利于对回归分析的学习。

1. 回归直线的求法

在取得两个变量的实验数据之后,若在普通直角坐标系上标出的各个数据点分布近似于一条直线,则可考虑采用线性回归法求其表达式。

设给定 n 个实验点 $(x_1,y_1),(x_2,y_2),\cdots,(x_n,y_n)$,可以用一条直线来表示它们之间的关系:

$$\hat{y}=a+bx \tag{2-1}$$

式中　$\hat{y}$——由回归式算出的值,称为回归值;

　　　　a,b——回归系数。

对每一个测量值 x_i 均可由式(2-1)求出一个回归值 $\hat{y}_i$。回归值 $\hat{y}_i$ 与测量值 y_i 之差的绝对值 $d_i=|y_i-\hat{y}_i|=|y_i-(a+bx_i)|$ 表明 y_i 对回归直线的偏离程度。偏离程度愈小,说明直线与实验数据点拟合得愈好。$|y_i-\hat{y}_i|$ 代表点 (x_i,y_i) 沿平行于 y 轴的方向到回归直线的距

离。

设

$$Q = \sum_{i=1}^{n} d_i^2 = \sum_{i=1}^{n} \left[y_i - (a + bx_i) \right]^2 \tag{2-2}$$

式中，y_i、x_i 是已知值，故 Q 为 a 和 b 的函数，为使 Q 值最小，根据数学中的极值原理，只要将式(2-2)分别对 a、b 求偏导数 $\dfrac{\partial Q}{\partial a}$、$\dfrac{\partial Q}{\partial b}$，并令其等于零即可求得 a、b，这就是最小二乘法原理。即

$$\begin{cases} \dfrac{\partial Q}{\partial a} = -2 \sum_{i=1}^{n} (y_i - a - bx_i) = 0 \\[3mm] \dfrac{\partial Q}{\partial b} = -2 \sum_{i=1}^{n} (y_i - a - bx_i) x_i = 0 \end{cases} \tag{2-3}$$

由式(2-3)可得正规方程：

$$\begin{cases} a + \bar{x}b = \bar{y} \\[2mm] n\bar{x}a + \left(\sum_{i=1}^{n} x_i^2 \right) b = \sum_{i=1}^{n} x_i y_i \end{cases} \tag{2-4}$$

$$\bar{x} = \frac{1}{n} \sum_{i=1}^{n} x_i, \quad \bar{y} = \frac{1}{n} \sum_{i=1}^{n} y_i \tag{2-5}$$

解正规方程式(2-4)，可得到回归式中的 a 和 b，即

$$b = \frac{\sum x_i y_i - n\bar{x}\bar{y}}{\sum x_i^2 - n\bar{x}^2} \tag{2-6}$$

$$a = \bar{y} - b\bar{x} \tag{2-7}$$

可见，回归直线正好通过离散点的平均值点 $(\bar{x}, \bar{y})$。为计算方便，令

$$l_{xx} = \sum (x_i - \bar{x})^2 = \sum x_i^2 - n\bar{x}^2 = \sum x_i^2 - \left(\sum x_i \right)^2 / n \tag{2-8}$$

$$l_{yy} = \sum (y_i - \bar{y})^2 = \sum y_i^2 - n\bar{y}^2 = \sum y_i^2 - \left(\sum y_i \right)^2 / n \tag{2-9}$$

$$l_{xy} = \sum (x_i - \bar{x})(y_i - \bar{y}) = \sum x_i y_i - n\bar{x}\bar{y} = \sum x_i y_i - \left[\left(\sum x_i \right) \left(\sum y_i \right) \right] / n \tag{2-10}$$

可得

$$b = \frac{l_{xy}}{l_{xx}} \tag{2-11}$$

l_{xx}、l_{yy} 称为 x、y 的离差平方和，l_{xy} 为 x、y 的离差乘积和。若改变 x、y 的单位，回归系数值会有所不同。

【例 2-1】 已知表 2-4(a)中的实验数据 y_i 和 x_i 成直线关系，试求其回归式。

表 2-4(a)　实验测得的 y 与 x 数据

序号	1	2	3	4	5	6	7	8
x_i	6.9	7.6	7.6	9.0	8.1	6.5	6.4	6.9
y_i	24	20	18	10	12	30	28	24

解:$\bar{x} = \dfrac{\sum x_i}{8} = \dfrac{59}{8} = 7.375; \bar{y} = \dfrac{\sum y_i}{8} = \dfrac{166}{8} = 20.75$。

根据表2-4(a)中的数据可列表计算,结果见表2-4(b)。

表2-4(b) 实验数据及计算值

序号	x_i	y_i	x_i^2	$x_i y_i$	y_i^2
1	6.9	24	47.61	165.6	576
2	7.6	20	57.76	152.0	400
3	7.6	18	57.76	136.8	324
4	9.0	10	81.00	90.0	100
5	8.1	12	65.61	97.2	144
6	6.5	30	42.25	195.0	900
7	6.4	28	40.96	179.2	784
8	6.9	24	47.61	165.6	576
Σ	59.0	166	440.56	1 181.4	3 804

$$b = \frac{l_{xy}}{l_{xx}} = \frac{\sum x_i y_i - n\bar{x}\bar{y}}{\sum x_i^2 - n\bar{x}^2} = \frac{1\ 181.4 - 8 \times 7.375 \times 20.75}{440.56 - 8 \times 7.375 \times 7.375} = -7.88$$

$$a = \bar{y} - b\bar{x} = 20.75 - (-7.88) \times 7.375 = 78.9$$

故回归方程为

$$\hat{y} = 78.9 - 7.88x$$

2. 回归效果的检验

在以上求回归方程的计算过程中,并不需要事先假定两个变量之间一定有某种相关关系。因此,必须对回归效果进行检验。

1)离差、回归和剩余平方和及其自由度

先介绍平方和、自由度及方差的概念,以利于对回归效果检验的理解。

(1)离差、回归和剩余平方和 实验值 y_i 与平均值 $\bar{y}$ 的差$(y_i - \bar{y})$称为离差,n 次实验值 y_i的离差平方和 $l_{yy} = \sum (y_i - \bar{y})^2$越大,说明 y_i的数值变动越大。所以

$$l_{yy} = \sum (y_i - \hat{y}_i)^2 + \sum (\hat{y}_i - \bar{y})^2 \tag{2-12}$$

由前可知

$$Q = \sum (y_i - \hat{y}_i)^2 \tag{2-13}$$

令

$$U = \sum (\hat{y}_i - \bar{y})^2 \tag{2-14}$$

式(2-12)可写成

$$l_{yy} = Q + U \tag{2-15}$$

式(2-15)称为平方和分解公式,理解它并记住它对于掌握回归分析方法很有帮助。为便于理解,用图形说明之(见图2-3)。

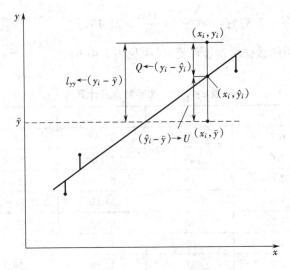

图 2-3 l_{yy}、U、Q 的含义示意

$U = \sum (\hat{y}_i - \bar{y})^2$ 是回归线上 $\hat{y}_1, \hat{y}_2, \cdots, \hat{y}_n$ 的值与平均值 $\bar{y}$ 之差的平方和,称为回归平方和。

$$U = \sum (\hat{y}_i - \bar{y})^2 = \sum (a + bx_i - \bar{y})^2 = \sum [b(x_i - \bar{x})]^2$$
$$= b^2 \sum (x_i - \bar{x})^2 = b^2 l_{xx} = b l_{xy} \qquad (2\text{-}16)$$

$$Q = \sum (y_i - \hat{y}_i)^2 = \sum [y_i - (a + bx_i)]^2 \qquad (2\text{-}17)$$

$Q = \sum (y_i - \hat{y}_i)^2$ 是实验值 y_i 与回归线的纵坐标 $\hat{y}_i$ 之差的平方和。它包括 x 对 y 线性关系的影响以外的其他一切因素对 y 值变化的作用,所以常被称为剩余平方和或残差平方和。

在总的离差平方和 l_{yy} 中,U 所占的比重越大,Q 所占的比重越小,回归效果越好,误差越小。

(2)各平方和的自由度 f 所谓自由度(f),简单地说,是计算偏差平方和时涉及独立平方和的数据个数。每一个平方和都有一个自由度与其对应,若是变量对平均值的偏差平方和,自由度 f 是数据的个数(n)减 1(例如离差平方和)。如果一个平方和由几部分的平方和组成,则总自由度 $f_{总}$ 等于各部分平方和的自由度之和。因为总离差平方和在数值上可以分解为回归平方和 U 和剩余平方和 Q 两部分,故

$$f_{总} = f_U + f_Q \qquad (2\text{-}18)$$

式中 $f_{总}$——总离差平方和 l_{yy} 的自由度,$f_{总} = n - 1$,n 等于总的实验点数;

f_U——回归平方和的自由度,f_U 等于自变量的个数 m;

f_Q——剩余平方和的自由度,$f_Q = f_{总} - f_U = (n - 1) - m$。

对于一元线性回归,$f_{总} = n - 1$,$f_U = 1$,$f_Q = n - 2$。

(3)方差 平方和除以对应的自由度后所得的值称为方差或均差。

回归方差

$$V_U = \frac{U}{f_U} = \frac{U}{m} \tag{2-19}$$

剩余方差

$$V_Q = \frac{Q}{f_Q} \tag{2-20}$$

剩余标准差

$$s = \sqrt{V_Q} = \sqrt{\frac{Q}{f_Q}} \tag{2-21}$$

s 愈小,回归方程对实验点的拟合程度愈高,亦即回归方程的精度愈高。

2)实验数据的相关性

(1)相关系数 r 相关系数 r 是说明两个变量线性关系密切程度的一个数量性指标。其定义为

$$r = \frac{l_{xy}}{\sqrt{l_{xx}l_{yy}}} \tag{2-22}$$

$$r^2 = \frac{l_{xy}^2}{l_{xx}l_{yy}} = \left(\frac{l_{xy}}{l_{xx}}\right)^2 \frac{l_{xx}}{l_{yy}} = \frac{b^2 l_{xx}}{l_{yy}} = \frac{U}{l_{yy}} = 1 - \frac{Q}{l_{yy}} \tag{2-23}$$

由式(2-23)可看出,r^2正好代表了回归平方和 U 与离差平方和 l_{yy} 的比值。

相关系数 r 的几何意义可用图2-4说明。

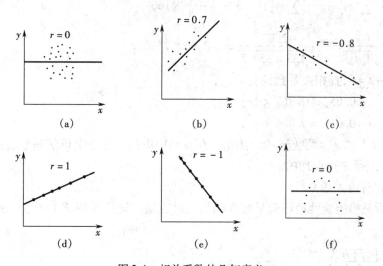

图2-4 相关系数的几何意义

①$|r| = 0$:此时 $l_{xy} = 0$,回归直线的斜率 $b = 0$,$U = 0$,$Q = l_{yy}$,$\hat{y}_i$ 不随 x_i 而变化。此时离散点的分布情况有两种:或是完全不规则,x、y 间完全没有关系,如图2-4(a)所示;或是 x、y 间有某种特殊的非线性关系,如图2-4(f)所示。

②$0 < |r| < 1$:代表绝大多数情况,此时 x 与 y 存在一定的线性关系。若 $l_{xy} > 0$,则 $b > 0$,且 $r > 0$,离散点图的分布特点是 y 随 x 增大而增大,如图2-4(b)所示,称 x 与 y 正相关。若 $l_{xy} < 0$,则 $b < 0$,且 $r < 0$,y 随 x 增大而减小,如图2-4(c)所示,称 x 与 y 负相关。r 的绝对值愈小,U/l_{yy} 愈小,离散点距回归线愈远,愈分散;r 的绝对值愈接近于1,离散点就愈靠近回归

直线。

③$|r|=1$：此时 $Q=0$，$U=l_{yy}$，所有的点都落在回归直线上，称 x 与 y 完全线性相关。当 $r=1$ 时，称完全正相关；当 $r=-1$ 时，称完全负相关，如图2-4(d)、(e)所示。

(2)显著性检验 如上所述，相关系数 r 的绝对值愈接近于 1，x、y 间愈线性相关。但究竟 $|r|$ 与 1 接近到什么程度才能说明 x 与 y 之间存在线性相关关系呢？这就有必要对相关系数进行显著性检验。只有当 $|r|$ 达到一定程度才可用回归直线来近似地表示 x、y 之间的关系。此时，可以说线性相关显著。一般来说，相关系数 r 达到使线性相关显著的值与实验数据点的个数 n 有关。只有当 $|r|>r_{min}$ 时，才能采用线性回归方程来描述变量之间的关系。r_{min} 的值见相关系数检验表(附录2)。利用该表可根据实验数据点的个数 n 及显著性水平 α 查出相应的 r_{min}。一般可取显著性水平 $\alpha=1\%$ 或 5%。

若检验发现回归线性相关不显著，可改用其他线性化的数学公式，重新进行回归和检验。若能利用多个数学公式进行回归和比较，$|r|$ 大者较优。

【例2-2】 检验例2-1中数据 x、y 的相关性。

解：$l_{xy}=\sum x_iy_i-\dfrac{1}{n}\left(\sum x_i\right)\left(\sum y_i\right)=1\ 181.4-\dfrac{1}{8}\times59.0\times166=-42.85$

$l_{xx}=\sum x_i^2-\dfrac{1}{n}\left(\sum x_i\right)^2=440.56-\dfrac{1}{8}\times59.0^2=5.435$

$l_{yy}=\sum y_i^2-\dfrac{1}{n}\left(\sum y_i\right)^2=3\ 804-\dfrac{1}{8}\times166^2=359.5$

$r=\dfrac{l_{xy}}{\sqrt{l_{xx}l_{yy}}}=\dfrac{-42.85}{\sqrt{5.435\times359.5}}=-0.969$

$n=8$，$n-2=6$，查相关系数检验表，得

$r_{min}(\alpha=0.05)=0.707<|r|$

$r_{min}(\alpha=0.01)=0.834<|r|$

因此，例2-1 的 x、y 两变量的线性相关在 $\alpha=0.01$ 的高水平上仍然是显著的，因此在 x、y 间求回归直线是完全合理的。

3)回归方程的方差分析

方差分析是检验线性回归效果好坏的另一种方法。通常采用 F 检验法，因此要计算统计量

$$F=\dfrac{回归方差}{剩余方差}=\dfrac{U/f_U}{Q/f_Q}=\dfrac{V_U}{V_Q} \tag{2-24}$$

一元线性回归的方差分析见表2-5。由于 $f_U=1$，$f_Q=n-2$，则

$$F=\dfrac{U/1}{Q/(n-2)} \tag{2-25}$$

然后将计算所得的 F 值与 F 分布值表所列的值相比较。

F 分布值表中有两个自由度 f_1 和 f_2，分别对应于 F 式(2-24)中分子的自由度 f_U 与分母的自由度 f_Q。对于一元回归，$f_1=f_U=1$，$f_2=f_Q=n-2$。有时将分子的自由度称为第一自由度，分母的自由度称为第二自由度。

表 2-5　一元线性回归的方差分析

名称	平方和	自由度	方差	方差比	显著性
回归	$U = \sum (\hat{y}_i - \bar{y})^2$	$f_U = m = 1$	$V_U = U/f_U$		
剩余	$Q = \sum (y_i - \hat{y}_i)^2$	$f_Q = n - 2$	$V_Q = Q/f_Q$	$F = V_U/V_Q$	
总计	$l_{yy} = \sum (y_i - \bar{y})^2$	$f_总 = n - 1$			

F 分布值表中的显著性水平 α 有 $0.25, 0.10, 0.05, 0.01$ 四种,一般先查找 $\alpha = 0.01$ 时的最小值 $F_{0.01}(f_1, f_2)$,与由式(2-25)计算而得的方差比 F 进行比较,若 $F \geqslant F_{0.01}(f_1, f_2)$,则可认为回归高度显著(称在 0.01 水平上显著),结束显著性检验;否则再查较大 α 值相应的 F 的最小值,如 $F_{0.05}(f_1, f_2)$,与计算而得的方差比 F 相比较,若 $F_{0.01}(f_1, f_2) > F \geqslant F_{0.05}(f_1, f_2)$,则可认为回归在 0.05 水平上显著,结束显著性检验。依此类推。若 $F < F_{0.25}(f_1, f_2)$,则可认为回归在 0.25 水平上仍不显著,亦即 y 与 x 的线性关系很不密切。

对于任何一元线性回归问题,进行了方差分析中的 F 检验后,就无须再作相关系数的显著性检验。因为两种检验是完全等价的,实质上说明同样的问题。

$$F = (n-2)\frac{U}{Q} = (n-2)\frac{U/l_{yy}}{Q/l_{yy}} = (n-2)\frac{r^2}{1-r^2} \tag{2-26}$$

根据上式,可由 F 值解出对应的相关系数 r 值,或由 r 值求出相应的 F 值。

【例 2-3】　对例 2-2 中的数据进行方差分析,检验其回归的显著性。

解:$U = \sum (\hat{y}_i - \bar{y})^2 = bl_{xy} = (-7.88) \times (-42.85) = 337.66$

$Q = l_{yy} - U = 359.5 - 337.66 = 21.84$

查附录 4 得 $F_{0.01}(1,6) = 13.74 < F$,故所作回归在最高水平 0.01 上仍然是显著的。此结论与例 2-2 用相关系数 r 作显著性检验的结论是一致的。数据的方差分析结果见表 2-6。

表 2-6　数据的方差分析结果

名称	平方和	自由度	方差	方差比
回归	$U = 337.66$	$f_U = m = 1$	$V_U = U/f_U = 337.66$	$F = V_U/V_Q$
剩余	$Q = 21.84$	$f_Q = f_总 - f_U$	$V_Q = Q/f_Q = 3.64$	$= 337.66/3.64$
总计	$l_{yy} = 359.5$	$f_总 = n - 1 = 7$		$= 92.8$

将例 2-2 求得的 $r = -0.969$ 代入式(2-26),得

$$F = (n-2)\frac{r^2}{1-r^2} = (8-2) \times \frac{(-0.969)^2}{1-(-0.969)^2} = 92.3$$

与例 2-3 方差分析所求得的 F 值一致。

将例 2-3 查出的 $F_{0.01}(1,6) = 13.74$ 代入式(2-26),得

$$13.74 = (8-2) \times \frac{r^2}{1-r^2}$$

解得 $r = 0.834$,与例 2-2 查出的 $r_{min}(\alpha = 0.01)$ 完全一致。

3. 根据回归方程预报 y 值的准确度

一元线性回归的剩余标准差

$$s = \sqrt{\frac{Q}{n-2}} = \sqrt{\frac{\sum (y_i - \hat{y}_i)^2}{n-2}} \tag{2-27}$$

与第 1 章中标准误差 σ 的数学意义是完全相同的,差别仅在于求 σ 时自由度为 $n-1$,而求 s 时自由度为 $n-2$。则因变量 y 的标准误差 σ 可用剩余标准差 s 来估计:

$$s = \sqrt{\frac{Q}{n-2}} = \sqrt{\frac{l_{yy} - bl_{xy}}{n-2}} \tag{2-28}$$

y 值出现的概率与剩余标准差之间存在以下关系:被预测的 y 值落在 $y_0 \pm 2s$ 区间内的概率约为 95.4%,落在 $y_0 \pm 3s$ 区间内的概率约为 99.7%。由此可见,剩余标准差 s 愈小,利用回归方程预报的 y 值愈准确,故 s 值的大小是预报准确度的标志。

【例 2-4】 试根据例 2-1 中的回归方程 $\hat{y} = 78.9 - 7.88x$ 预报 y 值。

解: 由例 2-3 得 $Q = 21.84$,则剩余标准差为

$$s = \sqrt{\frac{Q}{n-2}} = \sqrt{\frac{21.84}{8-2}} = 1.908$$

$$y' = a - 2s + bx = 78.9 - 2 \times 1.908 + (-7.88)x = 75.1 - 7.88x$$

$$y'' = a + 2s + bx = 78.9 + 2 \times 1.908 + (-7.88)x = 82.7 - 7.88x$$

绝大多数实验点位于这两条直线之间。因此,用所得的回归方程预报 y 值时,有 95.4% 的把握绝对误差不大于 $2s = 2 \times 1.908 = 3.816$,相对误差不大于 $\frac{3.816}{20.75} = 19\%$。

2.2.4 多元线性回归

1. 多元线性回归的原理和一般求法

在大多数实际问题中,自变量往往不止一个,而因变量是一个。这类问题称为多元回归问题。多元线性回归分析在原理上与一元线性回归分析完全相同,也用最小二乘法建立正规方程组,确定回归方程的常数项和回归系数。所以,下面讨论多元线性回归问题时,省略了具体推导过程。

设影响因变量 y 的自变量有 m 个: $x_1, x_2, \cdots, x_m$,通过实验得到 n 组观测数据:

$$(x_{1i}, x_{2i}, \cdots, x_{mi}; y_i) \quad i = 1 \sim n \tag{2-29}$$

由此得正规方程组

$$\begin{cases} nb_0 + b_1 \sum x_{1i} + b_2 \sum x_{2i} + \cdots + b_m \sum x_{mi} = \sum y_i \\ b_0 \sum x_{1i} + b_1 \sum x_{1i}^2 + b_2 \sum x_{2i} x_{1i} + \cdots + b_m \sum x_{mi} x_{1i} = \sum y_i x_{1i} \\ b_0 \sum x_{2i} + b_1 \sum x_{1i} x_{2i} + b_2 \sum x_{2i}^2 + \cdots + b_m \sum x_{mi} x_{2i} = \sum y_i x_{2i} \\ \cdots \cdots \\ b_0 \sum x_{mi} + b_1 \sum x_{1i} x_{mi} + b_2 \sum x_{2i} x_{mi} + \cdots + b_m \sum x_{mi}^2 = \sum y_i x_{mi} \end{cases} \tag{2-30}$$

该方程组是一个有 $m+1$ 个未知数的线性方程组,经整理可得如下形式的正规方程组:

$$\begin{cases} l_{11}b_1 + l_{12}b_2 + \cdots + l_{1m}b_m = l_{1y} \\ l_{21}b_1 + l_{22}b_2 + \cdots + l_{2m}b_m = l_{2y} \\ \cdots \cdots \\ l_{m1}b_1 + l_{m2}b_2 + \cdots + l_{mm}b_m = l_{my} \end{cases} \tag{2-31}$$

这样,将有 $m+1$ 个未知数的线性方程组式(2-30)化成了有 m 个未知数的线性方程组式(2-31),从而简化了计算。解此方程组即可求得待求的回归系数 $b_1, b_2, \cdots, b_m$,回归系数 b_0 由下式来求:

$$b_0 = \bar{y} - b_1 \bar{x}_1 - b_2 \bar{x}_2 - \cdots - b_m \bar{x}_m \tag{2-32}$$

正规方程组式(2-31)的系数的计算式如下:

$$l_{11} = \sum (x_{1i} - \bar{x}_1)(x_{1i} - \bar{x}_1) = \sum x_{1i}^2 - \frac{1}{n}\left(\sum x_{1i}\right)\left(\sum x_{1i}\right) = \sum x_{1i}^2 - \frac{1}{n}\left(\sum x_{1i}\right)^2$$

$$l_{12} = \sum (x_{1i} - \bar{x}_1)(x_{2i} - \bar{x}_2) = \sum x_{1i}x_{2i} - \frac{1}{n}\left(\sum x_{1i}\right)\left(\sum x_{2i}\right)$$

……

$$l_{1m} = \sum (x_{1i} - \bar{x}_1)(x_{mi} - \bar{x}_m) = \sum x_{1i}x_{mi} - \frac{1}{n}\left(\sum x_{1i}\right)\left(\sum x_{mi}\right)$$

$$l_{21} = l_{12}$$

……

$$l_{32} = l_{23}$$

……

$$l_{1y} = \sum (y_i - \bar{y})(x_{1i} - \bar{x}_1) = \sum x_{1i}y_i - \frac{1}{n}\left(\sum x_{1i}\right)\left(\sum y_i\right)$$

……

$$l_{yy} = \sum (y_i - \bar{y})^2 = \sum y_i^2 - \frac{1}{n}\left(\sum y_i\right)^2$$

以下面的通式表示系数的计算式:

$$l_{jk} = \sum (x_{ji} - \bar{x}_j)(x_{ki} - \bar{x}_k) = \sum x_{ji}x_{ki} - \frac{1}{n}\left(\sum x_{ji}\right)\left(\sum x_{ki}\right)$$

$$l_{jy} = \sum (y_i - \bar{y})(x_{ji} - \bar{x}_j) = \sum x_{ji}y_i - \frac{1}{n}\left(\sum x_{ji}\right)\left(\sum y_i\right)$$

$$i = 1, 2, \cdots, n$$

$$k = 1, 2, \cdots, m$$

$$j = 1, 2, \cdots, m$$

式中　n——数据的组数;

　　　m——m 元线性回归,回归模型中自变量 x 的个数,正规方程组式(2-31)的行数和列数。

线性方程组式(2-31)的求解可采用目前应用较多的高斯消去法。高斯消去法的本质是通过矩阵的行变换来消元,将方程组的系数矩阵变换为三角阵,从而达到求解的目的。

2. 回归方程的显著性检验

1) 多元线性回归的方差分析

在多元线性回归中,常先假设 y 与 $x_1, x_2, \cdots, x_m$ 之间有线性关系,因此对回归方程必须进行方差分析。

同一元线性回归的方差分析一样,可将相应的计算结果列入多元线性回归的方差分析表中,如表 2-7 所示。

表 2-7 多元线性回归的方差分析

名称	平方和	自由度	方差	方差比 F
回归	$U = \sum (\hat{y}_i - \bar{y})^2 = \sum_{j=1}^{m} b_j l_{jy}$	$f_U = m$	$V_U = U/f_U$	
剩余	$Q = \sum (y_i - \hat{y}_i)^2 = l_{yy} - U$	$f_Q = f_{总} - f_U = n - 1 - m$	$V_Q = Q/f_Q$	$F = V_U/V_Q$
总计	$l_{yy} = \sum (y_i - \bar{y})^2$	$f_{总} = n - 1$		

同样,可以利用 F 值对回归方程进行显著性检验,即通过 F 值对 y 与 $x_1, x_2, \cdots, x_m$ 之间的线性关系的显著性进行判断。

在查 F 分布值表时,把 F 计算式中分子的自由度 $f_U = m$ 作为第一自由度 f_1,分母的自由度 $f_Q = n - 1 - m$ 作为第二自由度 f_2。检验时,先查出 F 分布值表中几种显著性的数值,分别记为

$$F_{0.01}(m, n-m-1)$$
$$F_{0.05}(m, n-m-1)$$
$$F_{0.10}(m, n-m-1)$$
$$F_{0.25}(m, n-m-1)$$

然后将计算得到的 F 值同以上 4 个 F 分布表中给出的 F 值相比较,判断因变量 y 与 m 个自变量 x_i 的线性关系密切程度。若

$F \geqslant F_{0.01}(m, n-m-1)$,在 0.01 水平上显著,记为"4 *";

$F_{0.05}(m, n-m-1) \leqslant F < F_{0.01}(m, n-m-1)$,在 0.05 水平上显著,记为"3 *";

$F_{0.10}(m, n-m-1) \leqslant F < F_{0.05}(m, n-m-1)$,在 0.10 水平上显著,记为"2 *";

$F_{0.25}(m, n-m-1) \leqslant F < F_{0.10}(m, n-m-1)$,在 0.25 水平上显著,记为"1 *";

$F < F_{0.25}(m, n-m-1)$,在 0.25 水平上也不显著,记为"0 *"。

多元线性回归预报和控制 y 值的准确度问题与一元线性回归相同,但在多元回归中,为准确控制 y 值,自变量的取值有更大的选择余地。

2)复相关系数

多元线性回归和一元线性回归一样,回归结果的好坏也可用 U 在总平方和 l_{yy} 中的比例 R 来衡量,称其为复相关系数。

$$R = \sqrt{\frac{U}{l_{yy}}} = \sqrt{1 - \frac{Q}{l_{yy}}} \tag{2-33}$$

2.2.5 非线性回归

在许多实际问题中,回归函数往往是较复杂的非线性函数。非线性函数的求解一般可分为将非线性变换成线性和非线性不能变换成线性两大类。

1. 非线性回归的线性化

工程上很多非线性关系可以通过对变量作适当的变换转化为线性问题处理。一般方法

是对自变量与因变量作适当的变换,转化为线性的相关关系,即转化为线性方程,然后用线性回归来分析处理。

【例2-5】 求流体在圆形直管内强制湍流时的对流传热关联式

$$Nu = BRe^m Pr^n \tag{2-34}$$

中的常数 B、m、n。实验所得数据列于表2-8(a)中。

表2-8(a) 数据表

序号	$Nu \times 10^{-2}$	y	$Re \times 10^{-4}$	x_1	Pr	x_2
1	1.801 6	2.255 6	2.446 5	4.388 5	7.76	0.889 9
2	1.685 0	2.226 6	2.381 6	4.376 9	7.74	0.888 7
3	1.506 9	2.178 0	2.051 9	4.312 2	7.70	0.886 5
4	1.276 9	2.106 2	1.714 3	4.234 1	7.67	0.884 8
5	1.078 3	2.032 7	1.378 5	4.139 4	7.63	0.882 5
6	0.835 0	1.921 7	1.035 2	4.015 0	7.62	0.882 0
7	0.402 7	1.605 0	1.420 2	4.152 3	0.71	−0.148 7
8	0.567 2	1.753 7	2.222 4	4.346 8	0.71	−0.148 7
9	0.720 6	1.857 7	3.020 8	4.480 1	0.71	−0.148 7
10	0.845 7	1.927 2	3.777 2	4.577 2	0.71	−0.148 7
11	0.935 3	1.971 4	4.445 9	4.648 0	0.71	−0.148 7
12	0.957 9	1.981 3	4.547 2	4.657 7	0.71	−0.148 7

解:①首先将式(2-34)转化为线性方程。方程两边取对数得

$$\lg Nu = \lg B + m\lg Re + n\lg Pr$$

令 $y = \lg Nu$,$x_1 = \lg Re$,$x_2 = \lg Pr$,$b_0 = \lg B$,$b_1 = m$,$b_2 = n$。则式(2-34)可转化为

$$y = b_0 + b_1 x_1 + b_2 x_2 \tag{2-35}$$

转化后方程中的 y、x_1 和 x_2 的值见表2-8(a)。

②对经变换得到的线性方程式(2-35),按照上节讲的线性回归方法处理。

该方程自变量个数较少,可采用列表法用计算器计算,所得数据见表2-8(b);如果自变量个数比较多,可采用计算机编程计算。

表2-8(b) 回归计算值

序号	x_1	x_2	y	x_1^2	x_2^2	y^2	$x_1 x_2$	$x_1 y$	$x_2 y$
1	4.388 5	0.889 9	2.255 6	19.258 9	0.791 9	5.087 7	3.905 3	9.898 7	2.007 3
2	4.376 9	0.888 7	2.226 6	19.157 3	0.789 8	4.957 7	3.889 8	9.745 6	1.978 8
3	4.312 2	0.886 5	2.178 0	18.595 1	0.785 9	4.743 7	3.822 8	9.392 0	1.930 8
4	4.234 1	0.884 8	2.106 2	17.927 6	0.782 9	4.436 1	3.746 3	8.917 9	1.863 6
5	4.139 4	0.882 5	2.032 7	17.134 6	0.778 8	4.131 9	3.653 0	8.414 2	1.793 9
6	4.015 0	0.882 0	1.921 7	16.120 2	0.777 9	3.692 9	3.541 2	7.715 6	1.694 9
7	4.152 3	−0.148 7	1.605 0	17.241 6	0.022 1	2.576 0	−0.617 4	6.664 4	−0.238 7
8	4.346 8	−0.148 7	1.753 7	18.894 7	0.022 1	3.075 5	−0.646 4	7.623 0	−0.260 8
9	4.480 1	−0.148 7	1.857 7	20.071 3	0.022 1	3.451 0	−0.666 2	8.322 7	−0.276 2
10	4.577 2	−0.148 7	1.927 2	20.950 8	0.022 1	3.714 1	−0.680 6	8.821 2	−0.286 6
11	4.648 0	−0.148 7	1.971 4	21.603 9	0.022 1	3.886 4	−0.691 2	9.163 1	−0.293 1
12	4.657 7	−0.148 7	1.981 3	21.694 2	0.022 1	3.925 5	−0.692 6	9.228 3	0.294 6

序号	x_1	x_2	y	x_1^2	x_2^2	y^2	x_1x_2	x_1y	x_2y
Σ	52.328 2	4.422 2	23.816 7	228.650 1	4.839 9	47.678 6	18.564 0	103.906 6	9.619 2

由表 2-8(b)中的计算结果可得正规方程的系数和常数值,列于表 2-8(c)中。

表 2-8(c)　正规方程的系数和常数值

名称	l_{11}	$l_{12} = l_{21}$	l_{22}	l_{1y}	l_{2y}	l_{yy}	$\bar{y}$	$\bar{x}_1$	$\bar{x}_2$
数值	0.463 4	−0.719 8	3.210 2	0.047 7	0.842 3	0.407 5	1.984 8	4.360 7	0.368 5

根据上面的数据可列出正规方程组

$$\begin{cases} 0.463\ 4b_1 - 0.719\ 8b_2 = 0.047\ 7 \\ -0.719\ 8b_1 + 3.210\ 2b_2 = 0.842\ 3 \end{cases}$$

解此方程组得 $b_1 = 0.783$, $b_2 = 0.438$。

因为 $b_0 = \bar{y} - b_1\bar{x}_1 - b_2\bar{x}_2$,则有

$$b_0 = 1.984\ 8 - 0.783 \times 4.360\ 7 - 0.438 \times 0.368\ 5 = -1.591$$

线性回归方程为

$$\hat{y} = b_0 + b_1x_1 + b_2x_2 = -1.591 + 0.783x_1 + 0.438x_2 \tag{2-36}$$

从而对流传热关联式中各系数为

$$m = b_1 = 0.783, n = b_2 = 0.438, B = \lg^{-1}b_0 = 0.025\ 6$$

准数关联式为

$$\hat{N}u = 0.025\ 6Re^{0.783}Pr^{0.438} \tag{2-37}$$

Nu 实测值和回归值的比较见表 2-8(d)。

表 2-8(d)　回归结果对照表

序号	1	2	3	4	5	6	7	8	9	10	11	12
$Nu \times 10^{-2}$	1.801 6	1.685 0	1.506 9	1.276 9	1.078 3	0.835 0	0.402 7	0.567 2	0.720 6	0.845 7	0.935 3	0.957 9
$\hat{N}u \times 10^{-2}$	1.714 9	1.677 2	1.489 2	1.291 4	1.086 3	0.867 6	0.393 0	0.558 0	0.709 6	0.845 3	0.960 4	0.977 5

注: $\overline{Nu} = 105.109$。

③回归方程的显著性检验。特别要说明的是,最后需要的回归方程是式(2-37),所以应对式(2-37)进行显著性检验,而不是对线性化之后的线性方程的回归方程式(2-36)进行检验。因为线性化之前的非线性化方程形式各异,情况很复杂,对应的 l_{yy} 不一定等于对应的 $(Q+U)$,故用 F 分布函数作显著性检验是一种近似处理的方法。

Nu 的离差平方和为

$$(l_{yy})_{Nu} = \sum_{i=1}^{n}(Nu_i - \overline{Nu})^2 = (180.16 - 105.109)^2 + (168.50 - 105.109)^2 + \cdots$$
$$= 20\ 993.55$$

$$f_{总} = n - 1 = 11$$

回归平方和

$$U = \sum (\hat{N}u_i - \overline{N}u)^2 = (171.49 - 105.109)^2 + (167.72 - 105.109)^2 + \cdots$$
$$= 19\,660.64$$

$$f_U = m = 2$$

剩余平方和

$$Q = \sum (Nu_i - \hat{N}u_i)^2 = (180.16 - 171.49)^2 + (168.50 - 167.72)^2 + \cdots = 105.44$$

$$f_Q = 11 - 2 = 9$$

$$U_{Nu} + Q_{Nu} = 19\,766.08$$

对 $(l_{yy})_{Nu}$ 的相对偏差 $= (19\,766.08 - 20\,993.55)/20\,993.55 = -5.8 \times 10^{-2}$

方差比

$$F = \frac{19\,660.64/2}{105.44/9} = 839.1$$

查 F 分布值表得 $F_{0.01}(2,9) = 8.02 \ll 839.1$。所求准数关联式式(2-37)在 $\alpha = 0.01$ 水平上高度显著。

④预报 $\hat{N}u$ 值的准确度。

$$剩余标准差 s_{Nu} = \sqrt{\frac{Q_{Nu}}{f_Q}} = \sqrt{\frac{105.44}{9}} = 3.423$$

所以预报 Nu 值的绝对误差 $\leqslant 2 \times s_{Nu} = 6.8$（概率 95.4%）。

2. 直接进行非线性回归

对于不能转化为直线模型的非线性函数模型,需要用非线性最小二乘法进行回归。非线性函数的一般形式为

$$y = f(x, B_1, B_2, \cdots, B_i, \cdots, B_m) \quad (i = 1, 2, \cdots, m)$$

x 可以是单个变量,也可以是 p 个变量,即 $x = (x_1, x_2, \cdots, x_p)$。一般的非线性问题在数值计算中通常用逐次逼近的方法来处理,其实质是逐次"线性化",具体解法可参阅有关专著。

◆ 本章符号表 ◆◆

英文字母

b——直线斜率;

b_i——回归系数;

B_i——回归方程的回归系数;

d_i——测量值与回归值之差的绝对值;

f——自由度;

$f_{总}$——总平方和 l_{yy} 的自由度;

f_U——回归平方和的自由度;

f_Q——剩余平方和的自由度;

f_1, f_2——分别代表方差比 F 的分子、分母的自由度;

F——方差比;

m——自变量的个数;

n——实验点数;

Q——剩余平方和;

R——复相关系数;

r——相关系数;

s——剩余标准差;

U——回归平方和;

V——方差;

$\bar{x}$——自变量 x 的平均值；

$\bar{y}$——因变量 y 的平均值；

$\hat{y}$——因变量 y 的回归值。

希腊字母

α——显著性水平；

λ——摩擦系数。

习　题

1. 某传热过程综合实验得到如下表所示的数据,选用适当的坐标系标绘 Nu—Re 或 $Nu/Pr^{0.4}$—Re 曲线。

习题 1 附表　Re 和 Nu、$Nu/Pr^{0.4}$ 的关系数据

$Re \times 10^{-4}$	1.16	1.39	1.86	2.29	2.71	2.96
Nu	52.2	62.0	80.7	96.5	113.4	121.6
$Nu/Pr^{0.4}$	60.4	71.6	93.3	111.2	130.8	140.3

2. 在对离心泵性能进行测试的实验中,得到压头 H 和流量 q 的数据如本题附表所示,试画出 H 与 q 的关系曲线图,并求 H 与 q 的关系表达式。

习题 2 附表　压头 H 和流量 q 的关系数据

序号	1	2	3	4	5	6	7	8	9	10	11	12
$q/(\text{m}^3/\text{h})$	0.0	0.4	0.8	1.2	1.6	2.0	2.4	2.8	3.2	3.6	4.0	4.4
H/m	15.08	14.84	14.76	14.33	13.86	13.59	13.14	12.81	12.45	11.98	11.30	10.53

3. 某化工厂在甲醛生产流程中,为了降低甲醛溶液的温度,安装了溴化锂制冷机,通过实验得到了溴化锂制冷机的制冷量 y、冷媒水的温度 x_1、蒸气压力 x_2 的数据(见本题附表)。由经验知 y 与 x_1、x_2 之间存在线性关系,试由给出的数据进行回归,并对回归方程进行检验和预报准确度分析。

习题 3 附表　实测数据表

序号	1	2	3	4	5	6	7	8	9
$x_1/℃$	6.5	6.5	6.7	16.0	16.0	17.2	19.3	19.3	20.0
x_2/Pa	146.7	231.7	308.9	154.4	231.7	308.9	146.7	231.7	347.5
$y/(\text{kJ}/\text{h})$	45.2	54.0	60.3	66.3	74.3	90.4	96.3	105.5	120.6

第3章　正交试验设计方法

试制一种产品,改革一项工艺,寻找优良的生产条件,一般都需要做试验。实际问题错综复杂,影响试验结果的因素很多,有些因素单独起作用,有些因素则是相互制约、联合起作用。如何合理地安排多因素的试验,如何对试验结果进行科学的分析,就成为人们十分关心的问题。这方面的实践和研究形成了数理统计学的一个重要分支——试验设计。一种科学的试验设计方法应能做到以下两点:①在试验安排上尽可能地减少试验次数;②在进行较少次试验的基础上,能够利用所得的试验数据分析出指导实践的正确结论,并得到较好的结果。

正交试验设计方法就是一种科学地安排与分析多因素试验的方法。它利用正交表来安排试验,利用正交表来计算和分析试验结果。

为了叙述方便,下面介绍有关的术语和符号。

(1)试验指标　在试验中用来衡量试验效果的指标,如产量、收率、纯度等。试验指标按性质可分为定性试验指标和定量试验指标两类。

(2)因素　影响试验指标的要素或原因称为因素或因子,常用大写字母 A、B、C……表示。

(3)水平　因素在试验中所取的具体状态或条件称为水平,常用 A_1、A_2、A_3……表示。

如在某化学反应中温度对转化率有影响,温度就是因素,温度的不同取值,如 100 ℃、140 ℃、180 ℃等为因素的水平。

3.1　正交试验设计方法的优点

我国 20 世纪 60 年代开始使用正交试验设计方法,并于 70 年代推广开来。这一方法具有如下特点:①完成试验要求所需的实验次数少;②数据点分布得很均匀;③可用相应的极差分析法、方差分析法等对试验结果进行分析,得出许多有价值的结论。因此正交试验设计方法日益受到科学工作者的重视,在实践中得到了广泛的应用。

【例 3-1】　某化工厂想提高某化工产品的转化率,对工艺中 3 个主要因素各按 3 个水平进行试验(见表 3-1)。试验的目的是提高产品的转化率,寻找适宜的操作条件。

表 3-1　因素水平表

水平 \ 因素	反应温度/℃ A	反应时间/min B	用碱量/% C
1	$A_1(80)$	$B_1(90)$	$C_1(5)$
2	$A_2(100)$	$B_2(120)$	$C_2(6)$
3	$A_3(120)$	$B_3(150)$	$C_3(7)$

对此实例该如何进行试验方案的设计呢?

解:(1)全面搭配法

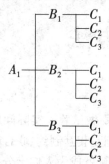

A_2 —— …

A_3 —— …

此方案数据点分布的均匀性极好,因素和水平的搭配十分全面,唯一的缺点是试验次数多达 $3^3 = 27$ 次(指数 3 代表 3 个因素,底数 3 代表每个因素有 3 个水平)。

(2)简单比较法

固定 A 为 A_1,B 为 B_1,考察因素 C 的 3 个水平。

A_1—B_1 ——— C_1

$\boxed{C_2}$ (好的用 $\boxed{}$ 表示)

——— C_3

发现 $C = C_2$ 的那次试验效果最好,转化率最高,因此在后面的试验中因素 C 取 C_2 水平。

固定 A 为 A_1,C 为 C_2,考察 B 的 3 个水平。

A_1—C_2 ——— B_1

——— B_2

——— $\boxed{B_3}$

发现 $B = B_3$ 的那次试验效果最好,因此因素 B 宜取 B_3 水平。

固定 B 为 B_3,C 为 C_2,考察 A 的 3 个水平。

B_3—C_2 ——— A_1

——— $\boxed{A_2}$

——— A_3

发现因素 A 宜取 A_2 水平。

因此可以得出结论:为提高合格产品的产量,最适宜的操作条件为 $A_2 B_3 C_2$。与全面搭配法相比,简单比较法的优点是试验次数少,只需做 7 次试验($A_1 B_1 C_2$、$A_1 B_3 C_2$ 都重复了两次,各做一次就可以了)。但必须指出,简单比较法的试验结果是不可靠的。因为它选取的试验点代表性差,如 A_1 水平出现了 7 次,A_2、A_3 水平却只出现了 1 次。

(3)正交试验设计方法

用正交表来安排试验。例 3-1 适用的正交表 $L_9(3^4)$ 及其试验安排见表 3-2。从这 9 次试验点的分布可以看出这样两个特点。

表3-2　正交表 $L_9(3^4)$ 的应用

试验号	列号	1 反应温度/℃ A	2 反应时间/min B	3 加碱量/% C	4
1		$1(A_1)$	$1(B_1)$	$1(C_1)$	1
2		$1(A_1)$	$2(B_2)$	$2(C_2)$	2
3		$1(A_1)$	$3(B_3)$	$3(C_3)$	3
4		$2(A_2)$	$1(B_1)$	$2(C_2)$	3
5		$2(A_2)$	$2(B_2)$	$3(C_3)$	1
6		$2(A_2)$	$3(B_3)$	$1(C_1)$	2
7		$3(A_3)$	$1(B_1)$	$3(C_3)$	2
8		$3(A_3)$	$2(B_2)$	$1(C_1)$	3
9		$3(A_3)$	$3(B_3)$	$2(C_2)$	1

①在 9 次试验中,对因素 A、B、C 的 3 个水平都"一视同仁",即每个因素的每个水平都做了 3 次试验。

②这 9 次试验的点是均衡分布的。这从图 3-1 中可以直观地看出。虽然数据点只有 9 个,却非常均匀地分布在图中的各个平面和各条直线上。与 A 轴垂直的 3 个平面,与 B 轴垂直的 3 个平面,与 C 轴垂直的 3 个平面等 9 个平面内,每一个平面内都正好含有 3 个数据点。图中与 A、B、C 轴平行的 27 条直线,每一条直线上都正好含有一个数据点。

可见,采用正交试验设计方法得出的试验方案不仅试验次数少,而且数据点分布的均匀性很好,兼有全面搭配法和简单比较法的优点。不难理解,对正交试验设计方法的全部数据进行数理统计分析得出的结论的可靠性肯定远优于简单比较法。

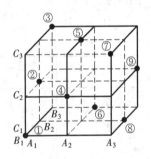

图 3-1　表 3-2 对应的
数据点分布图

因素愈多,水平愈多,运用正交试验设计方法减少试验次数的效果愈明显。做一个 6 因素 3 水平的试验,若用全面搭配法,试验次数 $=3^6=729$ 次;若用正交表 $L_{27}(3^{13})$ 来安排,则只需做 27 次试验。

3.2　正交表及其特点

采用正交试验设计方法进行试验方案的设计,就必须用到正交表。

3.2.1　等水平正交表(单一水平正交表)

以 $L_8(2^7)$ 为例来说明正交表名称的含义:

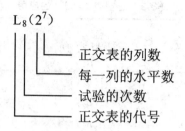

从表3-3中很容易看出以下两个特点。

①在每一列中,各个不同的数字出现的次数相同。在表3-3中,每一列有两个水平,水平1、2各出现4次。

②任意两列并列在一起形成若干个数字对,不同数字对出现的次数相同。如在表3-3中,第2列和第5列并列在一起形成的有序数字对共有4种:(1,1),(1,2),(2,1),(2,2),每种数字对出现的次数相同,都是2次。

这两个特点称为正交性。由于正交表具有上述特点,就保证了用正交表安排的试验方案中因素、水平是均衡搭配的,数据点的分布是均匀的。

常用的等水平正交表有:$L_4(2^3)$,$L_8(2^7)$,$L_{12}(2^{11})$,$L_{16}(2^{15})$,$L_9(3^4)$,$L_{27}(3^{13})$,$L_{16}(4^5)$,$L_{25}(5^6)$等。

表3-3 $L_8(2^7)$正交表

试验号 \ 列号	1	2	3	4	5	6	7
1	1	1	1	1	1	1	1
2	1	1	1	2	2	2	2
3	1	2	2	1	1	2	2
4	1	2	2	2	2	1	1
5	2	1	2	1	2	1	2
6	2	1	2	2	1	2	1
7	2	2	1	1	2	2	1
8	2	2	1	2	1	1	2

3.2.2 混合水平正交表

各列水平数不相同的正交表叫混合水平正交表。下面就是一个混合水平正交表名称的写法:

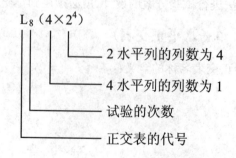

此混合水平正交表含有 1 个 4 水平列,4 个 2 水平列,共有 $1+4=5$ 列。表的具体形式见表 3-4。

混合水平正交表同样具有等水平正交表所具有的因素、水平均衡搭配的两个特点。

常用的混合水平表有:$L_8(4 \times 2^4)$,$L_{16}(4 \times 2^{12})$,$L_{16}(4^2 \times 2^9)$,$L_{16}(4^3 \times 2^6)$,$L_{16}(4^4 \times 2^3)$,$L_{16}(8 \times 2^8)$,$L_{18}(2 \times 3^7)$ 等。

表 3-4　$L_8(4 \times 2^4)$ 正交表

试验号 \ 列号	1	2	3	4	5
1	1	1	1	1	1
2	1	1	1	2	2
3	2	2	2	1	1
4	2	2	2	2	2
5	3	1	2	1	2
6	3	1	2	2	1
7	4	2	1	1	2
8	4	2	1	2	1

3.3　因素之间的交互作用

1. 交互作用的定义

如果因素 A 的数值或水平发生变化时,试验指标随因素 B 变化的规律也发生变化;或反之,若因素 B 的数值或水平发生变化时,试验指标随因素 A 变化的规律也发生变化,则称因素 A、B 间有交互作用,记为 $A \times B$。

2. 交互作用的判别

【例 3-2】　在合成橡胶生产中,催化剂用量和聚合温度是对转化率有重要影响的两个因素。现以转化率为指标,考察这两个因素是否有交互作用。假定做了 4 次试验,得到的结果见表 3-5。

表 3-5　催化剂用量和聚合温度对转化率的影响

催化剂用量/mL \ 聚合温度/℃	30	50
4	84.8%	96.2%
2	87.6%	75.5%

解:将表 3-5 中的结果表示在图 3-2 中。由图 3-2 可见,转化率随催化剂用量的变化规律因聚合温度的不同而差异很大。在聚合温度为 30 ℃时,转化率随催化剂用量的增大而降低;在聚合温度为 50 ℃时,转化率却随催化剂用量的增大而升高。两直线在图中相交,这是交互作用很强的一种表现。

下面再看一下催化剂用量与聚合时间之间是否存在交互作用。为此,研究它们对转化率的影响,进行了 4 次试验,结果见表 3-6 和图 3-3。

表3-6　催化剂用量和聚合时间对转化率的影响

催化剂用量/mL	聚合时间/h	0.5	1.0
	4	90.3%	95.1%
	2	84.2%	89.7%

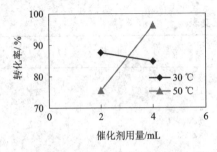

图3-2　催化剂用量、聚合温度对转化率的影响　　　图3-3　催化剂用量、聚合时间对转化率的影响

由图3-3可以直观地看出,不论聚合时间是0.5 h还是1 h,催化剂用量4 mL比2 mL好;不论催化剂用量是4 mL还是2 mL,聚合时间1 h比0.5 h好。也就是说一个因素水平的好坏不依赖于另一个因素的水平,这种情况称为没有交互作用,即催化剂用量和聚合时间没有交互作用。

3.4　正交表的表头设计

所谓表头设计,就是确定试验所考虑的因素和交互作用在正交表中该放在哪一列。

3.4.1　有交互作用的表头设计

表头设计有一个原则:尽量不出现混杂。下面通过一个例题来说明表头设计的方法。

【例3-3】　这是提高某农药收率的试验。某农药厂生产某种农药,根据生产经验发现影响农药收率的因素有4个,每个因素都有2种状态,具体见表3-7。

表3-7　例3-3的因素和水平表

水平	因素	反应温度/℃ A	反应时间/h B	原料配比(两种原料的质量之比) C	真空度/Pa D
	1	$A_1 = 60$	$B_1 = 2.5$	$C_1 = 1.1/1$	$D_1 = 6.67 \times 10^4$
	2	$A_2 = 80$	$B_2 = 3.5$	$C_2 = 1.2/1$	$D_2 = 8.00 \times 10^4$

反应温度 A 与反应时间 B 可能有交互作用,反应温度 A 与原料配比 C、反应时间 B 与原料配比 C 之间也可能有交互作用,分别用 $A \times B$、$A \times C$、$B \times C$ 表示。试选择合适的正交表,并进行表头设计。

解:因为要安排4个因素及3个交互作用,所以需要列数至少为7的2水平表。如果对试验结果只进行简单的极差分析,可选择正交表 $L_8(2^7)$。4个因素 A、B、C、D 及交互作用

$A\times B$、$A\times C$、$B\times C$ 应该放在正交表的哪列呢?

(1)方法一——利用两列间交互作用表　首先分析一下几个因素中哪些因素涉及的交互作用最多,哪些涉及的较少,哪些完全不涉及。因为如果涉及交互作用多的因素安排不当,会使交互作用和别的因素混杂,而不涉及交互作用的因素无论安排在哪里都可以,不会牵连到其他因素。所以安排表头时应先安排涉及交互作用多的因素,再安排涉及交互作用少一些的因素,最后安排不涉及交互作用的因素。本例要考虑的因素是:

$$A、B、C、D、A\times B、A\times C、B\times C$$

因素 A、B、C 的地位相同,它们的次序是:

$$A$$
$$B\to D$$
$$C$$

确定了排表次序后,就需要查两列间交互作用表来确定交互作用列在正交表中的位置。附录4给出了一些正交表及其对应的两列间交互作用表。如表3-8就是正交表 $L_8(2^7)$ 对应的两列间交互作用表。具体查法是:在表3-8中,第一个列号是带括号的列号,从左往右水平地看,第二个列号是不带括号的列号,从上往下垂直地看,交点处的数字就是交互作用的位置。例如,第1列和第2列交点处的数字是3,表示这两个因素的交互作用要放在第3列;第1列和第4列的交互作用要放在第5列;第2列和第4列的交互作用要放在第6列;等等。

表 3-8　$L_8(2^7)$ 的两列间交互作用表

列号	1	2	3	4	5	6	7
(1)	(1)	3	2	5	4	7	6
(2)		(2)	1	6	7	4	5
(3)			(3)	7	6	5	4
(4)				(4)	1	2	3
(5)					(5)	3	2
(6)						(6)	1
(7)							(7)

本例如果将 A 放在第1列,B 放在第2列,查交互作用表可以知道,$A\times B$ 应放第3列,因此第3列上不能再排别的因素,C 放在第4列,查交互作用表可以知道 $A\times C$ 占第5列,$B\times C$ 占第6列,因此第5列、第6列上不能再安排别的因素,剩下的第7列可以安排因素 D。表3-9是表头设计的结果。

表 3-9　例3-3的表头设计结果

列号	1	2	3	4	5	6	7
因素	A	B	$A\times B$	C	$A\times C$	$B\times C$	D

（2）方法二——采用附录4中所列的正交表的表头设计　表3-10是正交表$L_8(2^7)$的表头设计。本例的因素数为4，取表3-10中因素数为4的上行还是下行取决于试验研究的重点是什么。

若试验者认为对试验指标影响最大的是4个单因素A、B、C、D和交互作用$A \times B$、$A \times C$，它们是试验研究的重点，应尽量避免因表头设计混杂而影响对试验结果的分析，宜取表3-10中因素数为4的上一行进行表头设计。本例即属于这种情况，且没有考虑交互作用$C \times D$、$B \times D$、$A \times D$。

若试验者认为交互作用$A \times B$、$A \times C$、$A \times D$对试验指标的影响远大于其他的交互作用，特别希望得到它们对指标影响的较可靠的信息，则可让影响较小的因素或交互作用混杂，宜取表3-10中因素数为4的下一行进行表头设计。

表3-10　$L_8(2^7)$的表头设计

因素数＼列号	1	2	3	4	5	6	7
3	A	B	$A \times B$	C	$A \times C$	$B \times C$	
4 *	A	B	$A \times B$ $C \times D$	C	$A \times C$ $B \times D$	$B \times C$ $A \times D$	D
4	A	B $C \times D$	$A \times B$	C $B \times D$	$A \times C$	D $B \times C$	$A \times D$
5	A $D \times E$	B $C \times D$	$A \times B$ $C \times E$	C $B \times D$	$A \times C$ $B \times E$	D $A \times E$ $B \times C$	E $A \times D$

注：＊行是例3-3采用的表头设计。

若将本例改为希望能够不受干扰地考察4个因素及其所有的两两交互作用对试验指标的影响，则由表3-10可以看出，选$L_8(2^7)$表是不可能办到的。因此选正交表$L_{16}(2^{15})$。由附录4$L_{16}(2^{15})$表的表头设计可知，因素数为4时的表头设计如表3-11所示。

表3-11　因素数为4时$L_{16}(2^{15})$的表头设计

列号	1	2	3	4	5	6	7	8	9	10	11	12	13	14	15
因素	A	B	$A \times B$	C	$A \times C$	$B \times C$	空列	D	$A \times D$	$B \times D$	空列	$C \times D$	空列	空列	空列

两个因素的交互作用在表头中占几列和因素的水平数有关。2水平因素之间的交互作用只占一列，3水平因素之间的交互作用则占两列，m水平因素之间的交互作用要占$m-1$列。表3-12是$L_{27}(3^{13})$表头设计的一部分。因素数和水平数均为3时，交互作用$(B \times C)_1$和$(B \times C)_2$分别在第8、11列，所以交互作用$B \times C$对指标影响的大小应用8、11两列来计算。

表 3-12　$L_{27}(3^{13})$ 表头设计的一部分

因素数＼列号	1	2	3	4	5	6	7	8	9	10	11	12	13
3 ⋮	A	B	$(A\times B)_1$	$(A\times B)_2$	C	$(A\times C)_1$	$(A\times C)_2$	$(B\times C)_1$	空列	空列	$(B\times C)_2$	空列	空列

关于表头设计,这里再作一些说明。首先把因素的排表顺序确定下来(按涉及交互作用的多少而定),其次作试探性安排。如果试探合适,就得到了一个试验计划表;如果几次试探总有混杂,很可能这张表确实无法安排得不混杂,这时或者选用更大的表,或者让估计不太重要的因素和交互作用彼此混杂。

3.4.2　无交互作用的表头设计

该类表头的设计可以是任意的。在例 3-1 中,对 $L_9(3^4)$ 的表头设计,表 3-13 所列的各种方案都是可用的。

表 3-13　$L_9(3^4)$ 表头设计方案

列号	1	2	3	4
方案 1	A	B	C	空
方案 2	空	A	B	C
方案 3	C	空	A	B
方案 4	B	C	空	A
……		……		

若试验之初未考虑交互作用而选用较大的正交表,空列较多时,最好仍与有交互作用时一样,按规定进行表头设计。只不过先将有交互作用列视为空列,待试验结束后再加以判定。

3.5　选择正交表的基本原则

一般都是先确定试验的因素、水平和交互作用,后选择适用的正交表。在确定因素的水平数时,主要因素宜多安排几个水平,次要因素可少安排几个水平。

在选择正交表时应遵循如下原则。

①先看水平数。若各因素全是 2 水平,就选 $L_*(2^*)$ 表;若各因素全是 3 水平,就选 $L_*(3^*)$ 表。若各因素的水平数不相同,就选择适当的混合水平表。

②所选的正交表要能容纳下所考虑的因素和交互作用。为了对试验结果进行方差分析,必须至少留一个空白列作为"误差"列,在极差分析中可将其作为"其他因素"列处理。

③要看试验精度的要求。若要求高,宜取试验次数多的正交表。若试验费用很昂贵,或试验经费很有限,或人力和时间都比较紧张,不宜选试验次数太多的正交表。

④在按原考虑的因素、水平和交互作用选择正交表,无正好适用的正交表可选时,简便且可行的办法是适当修改原定的水平数。

⑤在对于因素或交互作用的影响是否确实存在没有把握的情况下,选择正交表时常为

50

选大表还是选小表而犹豫。若条件许可,应尽量选用大表,让可能存在影响的因素和交互作用各占适当的列。某因素或某交互作用的影响是否真的存在,留到方差分析作显著性检验时再给出结论。这样既可以减少试验的工作量,又不至于漏掉重要的信息。

3.6 正交试验的操作方法

1. 分区组

一批试验如果要使用几台不同的设备或使用几种原料来进行,为了防止设备或原料不同而带来误差,从而干扰对试验的分析,可在开始做试验之前用正交表中一个未排因素和交互作用的空白列来安排设备或原料。

与此类似,若试验指标的检验需要几个人(或几台仪器)来做,为了消除不同人(或仪器)检验水平的不同给试验分析带来的干扰,也可采用在正交表中用一个空白列来安排的办法。

这样的方法叫作分区组的办法。

2. 因素水平表排列顺序的随机化

在例 3-1 和例 3-3 等常见的例题中,每个因素的水平序号从小到大排列时,因素的数值总是按由小到大或由大到小的顺序排列。按正交表做试验时,所有的 1 水平都碰在一起,这种极端的情况有时是不希望出现的,有时没有实际意义。因此在排列因素水平表时,最好不要简单地完全按因素数值由小到大或由大到小的顺序排列。从理论上讲,最好采用随机化的方法。所谓随机化就是采用抽签或查随机数值表的办法来决定排列的顺序。

3. 试验进行的次序

试验进行的次序没有必要完全按照正交表上试验号码的顺序。为减小试验中由于先后试验操作熟练程度不匀带来的误差干扰,理论上推荐用抽签的办法来决定试验的次序。

4. 试验条件的取值

在确定每一个试验的试验条件时,只需考虑所确定的几个因素和分区组该如何取值,而不用(其实也无法)考虑交互作用列和误差列。交互作用列和误差列的取值由试验本身的客观规律确定,它们对试验指标影响的大小在方差分析时给出。

5. 做试验时,对试验条件的控制力求做到十分严格

这个问题在因素各水平下的数值差别不大时更为重要。例如在例 3-1 中,因素 C 的 C_1 =5%,C_2 =6%,C_3 =7%,在以 C_2 =6% 为条件的某一个试验中,必须严格地让 C_2 =6%。若因为粗心和不负责任,造成 C_2 =6.2% 或者 C_2 =7%,将使整个试验失去正交试验设计方法的特点,使极差和方差分析方法的应用丧失必要的前提条件,因而得不到正确的试验结果。

3.7 正交试验结果的极差分析法

正交试验方法能得到科技工作者的重视,在实践中得到广泛的应用,不仅是因为试验次数少,而且因为用相应的方法对试验结果进行分析可以得到许多有价值的结论。因此,在正交试验中如果不对试验结果进行认真的分析,并明确地引出应该引出的结论,就失去了采用正交试验方法的意义和价值。

下面以 $L_4(2^3)$ 表为例讨论正交试验结果的极差分析法。

表 3-14　$L_4(2^3)$ 正交试验计算表

试验号 ＼ 列号	1	2	3	试验指标 y_i
1	1	1	1	y_1
2	1	2	2	y_2
3	2	1	2	y_3
4	2	2	1	y_4
I_j	$I_1 = y_1 + y_2$	$I_2 = y_1 + y_3$	$I_3 = y_1 + y_4$	
II_j	$II_1 = y_3 + y_4$	$II_2 = y_2 + y_4$	$II_3 = y_2 + y_3$	
k_j	$k_1 = 2$	$k_2 = 2$	$k_3 = 2$	
I_j/k_j	I_1/k_1	I_2/k_2	I_3/k_3	
II_j/k_j	II_1/k_1	II_2/k_2	II_3/k_3	
极差 D_j	$\max\{\ \} - \min\{\ \}$	$\max\{\ \} - \min\{\ \}$	$\max\{\ \} - \min\{\ \}$	

在表 3-14 中：

I_j——第 j 列"1"水平所对应的试验指标的数值之和；

II_j——第 j 列"2"水平所对应的试验指标的数值之和；

k_j——第 j 列同一水平出现的次数,等于试验的次数(n)除以第 j 列的水平数；

$\dfrac{I_j}{k_j}$——第 j 列"1"水平所对应的试验指标的平均值；

$\dfrac{II_j}{k_j}$——第 j 列"2"水平所对应的试验指标的平均值；

D_j——第 j 列的极差,等于第 j 列各水平对应的试验指标的平均值中最大值减最小值,即

$$D_j = \max\left\{\frac{I_j}{k_j}, \frac{II_j}{k_j}, \cdots\cdots\right\} - \min\left\{\frac{I_j}{k_j}, \frac{II_j}{k_j}, \cdots\cdots\right\}$$

用极差法分析正交试验结果应得出以下几个结论。

①在试验范围内,各列对试验指标的影响从大到小的排队。

某列的极差最大,表示该列的数值在试验范围内变化时,试验指标的数值变化最大。所以各列对试验指标的影响从大到小的排队就是各列极差 D 的数值从大到小的排队。

②试验指标随各因素的变化趋势。

③使试验指标最好的适宜操作条件(适宜的因素水平搭配)。

④进一步试验的方向。

【例 3-4】　对例 3-3 的试验问题写出应用正交试验设计方法的全过程,用极差法分析正交试验的结果。

解:试验目的为提高某农药的收率,试验指标为某农药的收率。

因素水平见表 3-7。

考虑的因素和交互作用:A、B、C、D、$A \times B$、$A \times C$、$B \times C$。选择的正交表及表头设计见表 3-15。

表 3-15 正交表 $L_8(2^7)$ 及表头设计

试验号 \ 列号	1	2	3	4	5	6	7
	A	B	$A \times B$	C	$A \times C$	$B \times C$	D
1	1	1	1	1	1	1	1
2	1	1	1	2	2	2	2
3	1	2	2	1	1	2	2
4	1	2	2	2	2	1	1
5	2	1	2	1	2	1	2
6	2	1	2	2	1	2	1
7	2	2	1	1	2	2	1
8	2	2	1	2	1	1	2

在表 3-15 的因素列即 1、2、4、7 列的数字"1"和"2"的位置分别填上各因素的 1 水平和 2 水平,就得到一个试验计划表,见表 3-16。

表 3-16 试验计划表

试验号 \ 因素	1	2	3	4	5	6	7	收率
	A	B	$A \times B$	C	$A \times C$	$B \times C$	D	$y_i/\%$
1	60	2.5	1	1.1/1	1	1	6.67×10^4	86
2	60	2.5	1	1.2/1	2	2	8.00×10^4	95
3	60	3.5	2	1.1/1	1	2	8.00×10^4	91
4	60	3.5	2	1.2/1	2	1	6.67×10^4	94
5	80	2.5	1	1.1/1	2	1	8.00×10^4	91
6	80	2.5	1	1.2/1	1	2	6.67×10^4	96
7	80	3.5	2	1.1/1	2	2	6.67×10^4	83
8	80	3.5	1	1.2/1	1	1	8.00×10^4	88

有了试验计划,就必须严格按照计划进行试验。试验可以不按表中的试验号顺序进行,将试验号随机化,即非人为地、主观地决定顺序,而是任意打乱,比如用抽签的办法来决定。做完这 8 个试验后,将测得的数据填在试验计划表的最后一栏。

首先分析因素 A。因素 A 排在第 1 列,所以从第 1 列分析。如果把包含因素 A"1"水平的 4 次试验(1~4 号)算作第一组,把包含因素 A"2"水平的 4 次试验(5~8 号)算作第二组,那么,8 次试验就分成了两组。

把第一组试验得到的试验指标数据相加,即将第 1 列 1 水平所对应的 1~4 号试验指标数据相加,其和记为 I_1,这 4 次试验的平均值记为 I_1/k_1。

$$I_1 = y_1 + y_2 + y_3 + y_4 = 86\% + 95\% + 91\% + 94\% = 366\%$$

$$I_1/k_1 = 366\%/4 = 91.5\%$$

把第二组试验得到的试验指标数据相加,即将第 1 列 2 水平所对应的 5~8 号试验指标数据相加,其和记为 II_1,这 4 次试验的平均值记为 II_1/k_1。

$$II_1 = y_5 + y_6 + y_7 + y_8 = 91\% + 96\% + 83\% + 88\% = 358\%$$

$$II_1/k_1 = 358\%/4 = 89.5\%$$

$$极差\ D_1 = 91.5\% - 89.5\% = 2.0\%$$

I_1/k_1 和 II_1/k_1 有可比性,因为在含有 A_1 条件的 4 次试验中,B、C、D 3 个因素的 1、2 水平各出现 2 次;同样,在含有 A_2 条件的 4 次试验中,B、C、D 3 个因素的 1、2 水平各出现 2 次,见表 3-17。这就是说,对于含有 A_1 条件的 4 次试验和含有 A_2 条件的 4 次试验来说,其他条件(B、C、D)是"平等的",所以 I_1/k_1 和 II_1/k_1 之间的差异 D_1 是由于 A 取了不同的水平而引起的。

表 3-17 正交表的整齐可比性

列号 试验号	1 A	2 B	4 C	7 D
1、2、3、4	全是 A_1	B_1 两次 B_2 两次	C_1 两次 C_2 两次	D_1 两次 D_2 两次
5、6、7、8	全是 A_2	B_1 两次 B_2 两次	C_1 两次 C_2 两次	D_1 两次 D_2 两次

用同样的方法计算出正交表中其他列各水平的试验指标加和值 I_j、II_j,平均值 I_j/k_j、II_j/k_j 以及极差 D_j,并填在表的相应位置上,就完成了极差计算,见表 3-18。以上各项计算可在正交表上直接进行,十分简便。

表 3-18 $L_8(2^7)$ 正交表应用计算表

因素 试验号	1 A	2 B	3 $A \times B$	4 C	5 $A \times C$	6 $B \times C$	7 D	收率 $y_i/\%$
1	1(60)	1(2.5)	1	1(1.1/1)	1	1	1(6.67×10^4)	$y_1 = 86$
2	1	1	1	2(1.2/1)	2	2	2(8.00×10^4)	$y_2 = 95$
3	1	2(3.5)	2	1	1	2	2	$y_3 = 91$
4	1	2	2	2	2	1	1	$y_4 = 94$
5	2(80)	1	2	1	2	1	2	$y_5 = 91$
6	2	1	2	2	1	2	1	$y_6 = 96$
7	2	2	1	1	2	2	1	$y_7 = 83$
8	2	2	1	2	1	1	2	$y_8 = 88$
I_j	366%	368%	352%	351%	361%	359%	359%	
II_j	358%	356%	372%	373%	363%	365%	365%	
k_j	4	4	4	4	4	4	4	
I_j/k_j	91.5%	92.0%	88.0%	87.75%	90.25%	89.75%	89.75%	
II_j/k_j	89.5%	89.0%	93.0%	93.25%	90.75%	91.25%	91.25%	
极差 D_j	2.0%	3.0%	5.0%	5.5%	0.5%	1.5%	1.5%	

根据这些计算结果,可以得出如下结论。

(1)各列对试验指标影响大小的排队 从上面的分析可知,极差的大小反映了因素取不同水平所引起指标变化的大小。极差大说明该因素对指标的影响比较大,极差小就意味着该因素对指标的影响小。由此可以根据极差的大小顺序排出因素和交互作用的主次顺序:

主————————————次

$C—A \times B—B—A—D、B \times C—A \times C$

在本试验范围内,因素 C 和交互作用 $A \times B$ 对农药的收率影响最大,其他因素和交互作用的影响是次要的,交互作用 $A \times C$ 的影响最小,可不考虑。

(2)试验指标随各因素的变化趋势 由表 3-18 中的第 1(A)列:$I_1/k_1 = 91.5\%$,1 水平 $A_1 = 60$ ℃;$II_1/k_1 = 89.5\%$,2 水平 $A_2 = 80$ ℃。可见,反应温度(A)升高,收率下降。

同样可得出结论:反应时间(B)增长,收率下降;原料配比(C)增大,收率提高;真空度(D)增大,收率提高。

(3)适宜的操作条件 首先应搞清所讨论问题的试验指标的数值是大好还是小好。很明显,本例的试验指标收率愈大愈好。

在确定适宜的操作条件时,应优先考虑对试验指标影响大的试验因素和交互作用。也就是说按对试验指标的影响从大到小的顺序来确定适宜的操作条件。

①对于因素 C,宜取 2 水平。

②对于交互作用 $A \times B$,需列出二元表(见表 3-19)、画出二元图(见图 3-4)来分析。

表 3-19　交互作用 $A \times B$ 的二元表

| 收率 | $y/\%$ | |
因素、水平	$B_1 = 2.5$ h	$B_2 = 3.5$ h
$A_1 = 60$ ℃	$(y_1 + y_2)/2 = (86\% + 95\%)/2 = 90.5\%$	$(y_3 + y_4)/2 = (91\% + 94\%)/2 = 92.5\%$
$A_2 = 80$ ℃	$(y_5 + y_6)/2 = (91\% + 96\%)/2 = 93.5\%$	$(y_7 + y_8)/2 = (83\% + 88\%)/2 = 85.5\%$

注:$y_1 \sim y_8$ 的数据从表 3-18 中读取(下同)。

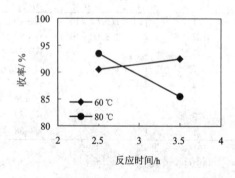

图 3-4　反应温度、反应时间对收率的影响

由二元表及二元图可以看出,$A_2 B_1$ 对应的收率最大,$A_1 B_2$ 对应的收率也比较大,因此可选 $A_2 B_1$ 或 $A_1 B_2$ 的水平搭配。

③对于因素 B,宜取 1 水平。

④对于因素 A,从其单独对收率的影响看,宜取 1 水平。但因素 A 的影响不如交互作用 $A \times B$ 的影响大,要优先考虑交互作用,结合因素 B 的适宜水平,因素 A 应该取 2 水平。

⑤对于因素 D,宜取 2 水平。

⑥对于 $B \times C$ 与 $A \times C$,因为 C、B、A 的影响比这两个交互作用的影响大,上面已经确定了它们的水平搭配,因此 $B \times C$ 与 $A \times C$ 的水平搭配就不必考虑了。

所以,为提高农药的收率,在本试验范围内,适宜的操作条件为:反应温度,第 2 水平,80 ℃;反应时间,第 1 水平,2.5 h;原料配比,第 2 水平,1.2/1;真空度,第 2 水平,8.00 × 10⁴ Pa。

(4)进一步试验的方向 从上面分析可看出,因素 C(原料配比)从 1.1/1 增大到 1.2/1,收率是提高的;因素 B(反应时间)从 2.5 h 增加到 3.5 h,收率是下降的。因此如果希望进一步提高收率,因素 C 取大于 1.2/1,因素 B 取小于 2.5 h,再进一步做试验是有可能提高的。其他因素由于影响比较小,可以不考虑。因此,通过计算分析指出了进一步试验的方向。

3.8 正交试验结果的方差分析法

前面介绍了正交试验结果的极差分析法,这个方法比较简便易懂,只要对试验结果作少量计算,通过综合比较,便可得出最优操作条件。但极差分析不能估计试验过程中以及试验结果测定中必然存在的误差的大小。也就是说,不能区分某因素各水平所对应的试验结果间的差异究竟是由因素水平不同所引起的,还是由试验误差所引起的,因此不能确定分析的精度。为了克服极差分析法的这个缺点,可采用方差分析的方法。方差分析是将因素水平(或交互作用)的变化所引起的试验结果间的差异与误差的波动所引起的试验结果间的差异区分开来的一种数学方法。

在正交试验的计算中,位于第 j 列的因素对试验指标影响的显著性程度可用 F_j 进行检验,它的计算式为

$$F_j = \frac{\text{第 } j \text{ 列因素的方差 } V_j}{\text{试验误差的方差 } V_e} = \frac{S_j/f_j}{S_e/f_e}$$

式中　S_j——第 j 列因素或交互作用的偏差平方和,下标 j 可为 $1,2,3,\cdots$

$$S_j = k_j \left(\frac{I_j}{k_j} - \bar{y} \right)^2 + k_j \left(\frac{II_j}{k_j} - \bar{y} \right)^2 + k_j \left(\frac{III_j}{k_j} - \bar{y} \right)^2 + \cdots$$

f_j——第 j 列因素的自由度,f_j = 第 j 列的水平数 -1;

S_e——试验误差的偏差平方和,S_e 等于每个空列的偏差平方和之和,即 $S_e = S_{e1} + S_{e2} + S_{e3} + \cdots$,也可用 $S_e = S - \sum S_j$ 来计算,其中 $\sum S_j$ 为安排因素或交互作用的各列的偏差平方和之和;

f_e——试验误差的自由度,f_e 等于每个空列的自由度之和,即 $f_e = f_{e1} + f_{e2} + f_{e3} + \cdots$,也可用 $f_e = f - \sum f_j$ 来计算,其中 $\sum f_j$ 为安排因素或交互作用的各列的自由度之和;

S——总的偏差平方和,$S = \sum\limits_{i=1}^{n} (y_i - \bar{y})^2$;

$\bar{y}$——试验指标的平均值,$\bar{y} = \frac{1}{n} \sum\limits_{i=1}^{n} y_i$;

f——总自由度,f = 试验次数 -1。

与极差分析法相比,方差分析法可以多得出一个结论:各列对试验指标的影响是否显著,在什么水平上显著。在数理统计上,这是一个很重要的问题。显著性检验强调试验误差在分析每列对指标的影响中所起的作用。如果某列对指标的影响不显著,那么,讨论试验指标随它的变化趋势是毫无意义的。因为在某列对指标的影响不显著时,即使可以从表中的数据看出该列水平的变化,对应的试验指标的数值也在以某种"规律"发生变化,但那很可能是试验误差所致,将它作为客观规律是不可靠的。进行了各列的显著性检验之后,应将影响不显著的交互作用列与原来的"误差列"合并,组成新的"误差列",重新检验各列的显著性。

【例 3-5】　在用不发芽的大麦制造啤酒而进行的无芽酶试验中,选择的因素和水平见表 3-20(已将 A 的水平随机化)。

表 3-20　例 3-5 的因素水平

因素 水平	赤霉素的浓度 /(mg/kg 大麦) A	氨水的浓度 /% B	吸氨量 /g C	底水量 /g D
1	2.25	0.25	2	136
2	1.50	0.26	3	138
3	3.00	0.27	4	
4	0.75	0.28	5	

不必考虑交互作用。试验指标为粉状粒的百分数,百分数越高越好。要求写出应用正交试验设计方法的全过程,用方差分析法分析正交试验的结果。

解: 4 个因素的水平数不完全相同,所以应选择混合水平正交表。因为 3 个因素是 4 水平,1 个因素是 2 水平,所以选 $L_{16}(4^3 \times 2^6)$ 正交表,见表 3-21(a)。

表头设计:见表 3-21(a)。

为了计算方便,将粉状粒数据 y_i' 减去 38 得到 y_i,用 y_i 作为试验指标,这样做不影响计算结果。

试验指标的平均值

$$\bar{y} = \frac{\sum_{i=1}^{16} y_i}{16} = \frac{11}{16} = 0.6875$$

总的偏差平方和

$$\begin{aligned}
S &= \sum_{i=1}^{16} (y_i - \bar{y})^2 \\
&= (21 - 0.6875)^2 + (10 - 0.6875)^2 + (-4 - 0.6875)^2 + \cdots + (8 - 0.6875)^2 \\
&= 2387
\end{aligned}$$

表 3-21(b)中数据的计算举例(以第 3 列为例):

$I_3 = y_1 + y_6 + y_{11} + y_{16} = 21 + 10 + 18 + 8 = 57$

$II_3 = y_2 + y_5 + y_{12} + y_{15} = 10 + 1 + 1 + (-4) = 8$

$III_3 = y_3 + y_8 + y_9 + y_{14} = (-4) + (-9) + (-2) + (-3) = -18$

$IV_3 = y_4 + y_7 + y_{10} + y_{13} = (-18) + (-15) + 17 + (-20) = -36$

$k_3 = 4$

$I_3/k_3 = 57/4 = 14.25$

$II_3/k_3 = 8/4 = 2$

$III_3/k_3 = -18/4 = -4.5$

$IV_3/k_3 = -36/4 = -9$

极差 $D_3 = 14.25 - (-9) = 23.25$

偏差平方和 $S_3 = k_3 \left(\dfrac{I_3}{k_3} - \bar{y} \right)^2 + k_3 \left(\dfrac{II_3}{k_3} - \bar{y} \right)^2 + k_3 \left(\dfrac{III_3}{k_3} - \bar{y} \right)^2 + k_3 \left(\dfrac{IV_3}{k_3} - \bar{y} \right)^2$

$\qquad\quad = 4 \times (14.25 - 0.6875)^2 + 4 \times (2 - 0.6875)^2 + 4 \times (-4.5 - 0.6875)^2$

$\qquad\qquad + 4 \times (-9 - 0.6875)^2$

$\qquad\quad = 1226$

表 3-21（a）　使用正交表 $L_{16}(4^3 \times 2^6)$ 的正交试验数据表

列号 / 试验号	1 A	2 B	3 C	4 e	5 e	6 e	7 e	8 e	9 D	粉状粒/% y_i'	$y_i/\%$ = $y_i'-38$
1	1	1	1	1	1	1	1	1	1	59	21
	(2.25)	(0.25)	(2)						(136)		
2	1	2	2	1	1	2	2	2	2	48	10
	(2.25)	(0.26)	(3)						(138)		
3	1	3	3	2	2	1	1	2	2	34	−4
	(2.25)	(0.27)	(4)						(138)		
4	1	4	4	2	2	2	2	1	1	20	−18
	(2.25)	(0.28)	(5)						(136)		
5	2	1	2	2	2	1	2	1	2	39	1
	(1.50)	(0.25)	(3)						(138)		
6	2	2	1	2	2	2	1	2	1	48	10
	(1.50)	(0.26)	(2)						(136)		
7	2	3	4	1	1	2	1	1	1	23	−15
	(1.50)	(0.27)	(5)						(136)		
8	2	4	3	1	1	2	1	1	2	29	−9
	(1.50)	(0.28)	(4)						(138)		
9	3	1	3	1	2	2	2	2	1	36	−2
	(3.00)	(0.25)	(4)						(136)		
10	3	2	4	1	2	1	1	1	2	55	17
	(3.00)	(0.26)	(5)						(138)		
11	3	3	1	2	1	2	2	1	2	56	18
	(3.00)	(0.27)	(2)						(138)		
12	3	4	2	2	1	1	1	2	1	39	1
	(3.00)	(0.28)	(3)						(136)		
13	4	1	4	2	1	2	1	2	2	18	−20
	(0.75)	(0.25)	(5)						(138)		
14	4	2	3	2	1	1	2	1	1	35	−3
	(0.75)	(0.26)	(4)						(136)		
15	4	3	2	1	2	2	1	1	1	34	−4
	(0.75)	(0.27)	(3)						(136)		
16	4	4	1	1	2	1	2	1	2	46	8
	(0.75)	(0.28)	(2)						(138)		

表 3-21（b）　极差和方差分析表

名称 / 列号	1 A	2 B	3 C	4 e	5 e	6 e	7 e	8 e	9 D	
I_j	9	0	57						−10	
II_j	−13	34	8						21	$\sum_{i=1}^{16} y_i = 11$
III_j	34	−5	−18							
IV_j	−19	−18	−36							
k_j	4	4	4	8	8	8	8	8	8	$\bar{y} = 0.6875$
I_j/k_j	2.25	0	14.25						−1.25	
II_j/k_j	−3.25	8.5	2						2.625	
III_j/k_j	8.5	−1.25	−4.5							
IV_j/k_j	−4.75	−4.5	−9							

名称 \ 列号	1 A	2 B	3 C	4 e	5 e	6 e	7 e	8 e	9 D
极差 D_j	13.25 ②	13 ③	23.25 ①						3.875 ④
偏差平方和 S_j	434	367	1 226			$S_e=300$			60 $\quad S=2\,387$
自由度 f_j	3	3	3			$f_e=5$			1 $\quad f=15$
方差 V_j	145	123	409			$V_e=60$			60
方差比 F_j	2.41	2.05	6.80						1.00
$F_{0.25}$	1.88	1.88	1.88						1.69
$F_{0.10}$	3.62	3.62	3.62						4.06
$F_{0.05}$			5.41						
$F_{0.01}$			12.06						
显著性	1*	1*	3*						0*

自由度 $f_3 = 4 - 1 = 3$

方差 $V_3 = \dfrac{S_3}{f_3} = \dfrac{1\,226}{3} = 409$

$S_e = S - (S_1 + S_2 + S_3 + S_9) = 2\,387 - (434 + 367 + 1\,226 + 60) = 300$

$f_e = (16 - 1) - (3 + 3 + 3 + 1) = 5$

$V_e = \dfrac{S_e}{f_e} = \dfrac{300}{5} = 60$

$F_3 = \dfrac{V_3}{V_e} = \dfrac{409}{60} = 6.82$

查 F 分布数值表得

$F(\alpha = 0.01, f_1 = 3, f_2 = 5) = 12.06 > F_3$

$F(\alpha = 0.05, f_1 = 3, f_2 = 5) = 5.41 < F_3$

所以,第 3 列对试验指标的影响在 $\alpha = 0.05$ 水平上显著。其他列的计算结果见表 3-21(b)。

用方差分析法分析正交试验结果,应该得出如下几点结论。

(1)关于显著性的结论　吸氨量(C)对指标的影响在 $\alpha = 0.05$ 水平上显著,记为 3*;赤霉素的浓度(A)和氨水的浓度(B)在 $\alpha = 0.25$ 水平上显著,记为 1*;底水量(D)在 $\alpha = 0.25$ 水平上仍不显著,记为 0*。

(2)试验指标随各因素的变化趋势　图 3-5 是用表 3-20 及表 3-21(b)中的 I_j/k_j、II_j/k_j、III_j/k_j、IV_j/k_j 值标绘的。

(3)适宜的操作条件　在确定适宜的操作条件时,对于 F 检验不显著的因素,适宜的水平可以是任意的。适宜的操作条件为:赤霉素的浓度应取 3 水平,$A_3 = 3.00$ mg/kg 大麦;氨水的浓度取 2 水平,$B_2 = 0.26\%$;吸氨量取 1 水平,$C_1 = 2$ g;底水量影响不显著,可任意确定。

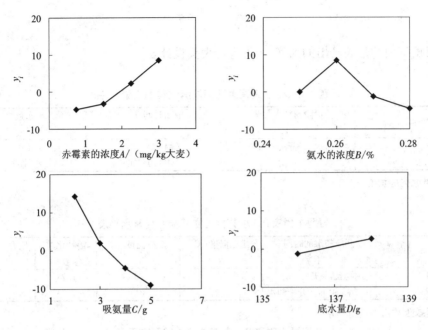

图 3-5　4 个因素与粉状粒的关系

(4)进一步试验的方向　由图 3-5 可见,赤霉素的浓度和吸氨量的最佳水平落在试验范围的边缘,宜扩大试验范围继续试验,摸索更好的条件。应研究赤霉素的浓度大于 3.00 mg/kg大麦和吸氨量小于 2 g 时粉状粒的变化规律。

本章符号表

英文字母

A——因素;

B——因素;

C——因素;

D——因素,极差;

e——正交表中的试验误差列;

E——因素;

f——总自由度;

f_e——试验误差的自由度;

f_j——正交表第 j 列因素的自由度;

F——方差比;

F_j——正交表第 j 列因素的 F 值;

$F_{\min}$——F 的最小值;

j——正交表列的序号;

k_j——正交表第 j 列因素同一水平出现的次数;

L——正交表的代号;

m——正交表的列数;

n——试验的次数;

S——总的偏差平方和;

S_j——正交表第 j 列因素的偏差平方和;

S_e——试验误差的偏差平方和;

V_e——试验误差列的方差;

V_j——正交表第 j 列因素的方差;

y——试验指标。

希腊字母

α——显著性水平。

下标

e——误差;

j,k——第 j 或 k 个变量;

i——第 i 次试验;

min——最小;

max——最大。

习　题

1. 根据下面的附表给出的因素、水平进行表头设计。

习题 1 附表 1　提高黄胺药质量试验的因素水平表

水平 \ 因素	保险粉加入方法 A	中和时间/min B	水量/L C
1	分次	(慢)30~40	1 000
2	一次	(快)10~20	700

注:不考虑交互作用。

习题 1 附表 2　小苏打正交试验的因素水平表

水平 \ 因素	开冷却水的时间 A	出缸温度/℃ B	反应温度/℃ C	溶液比重 D	压力/(kg/cm²) E
1	刚出结晶开冷却水	50	85	1.24	5
2	出结晶 30 min 开冷却水	30	100	1.23	3

注:考察交互作用 A×B、C×D。

习题 1 附表 3　煮蓝试验的因素水平表

水平 \ 因素	温度/℃ A	苛性钠量/g B	亚硝酸钠量/g C	水量/g D
1	180.0	31.2	93.8	187.5
2	160.0	46.8	125.0	250.0
3	140.0	62.5	156.2	312.5

注:考察交互作用 A×B、B×C、C×D。

2. 为了提高某发酵饲料的酸度,选择了 4 个因素进行正交试验,其因素水平见附表 1,表头设计及试验结果见附表 2。根据正交试验结果进行极差与方差分析,成品中酸的浓度越大越好。

习题 2 附表 1　因素水平表

水平 \ 因素	发酵温度/℃ A	发酵时间/h B	初始 pH C	投曲量/% D
1	10	12	7	5
2	20	24	6	10
3	30	48	5	
4	50	72		

习题 2 附表 2　实验安排与结果　$L_{16}(4^3 \times 2^6)$

试验号	1 A	2 B	3 C	……	9 D	酸浓度/(mol/L)
1	1	1	1		1	6.36
2	1	2	2		2	7.43
3	1	3	3		2	10.36
4	1	4	4		1	11.56

试验号	1 A	2 B	3 C	……	9 D	酸浓度/ （mol/L）
5	2	1	2		2	8.66
6	2	2	1		1	5.39
7	2	3	4		1	15.50
8	2	4	3		2	19.53
9	3	1	3		1	12.08
10	3	2	4		2	13.13
11	3	3	1		2	8.03
12	3	4	2		1	12.45
13	4	1	4		2	13.49
14	4	2	3		1	10.77
15	4	3	2		1	9.80
16	4	4	1		2	16.54

第4章 化工实验参数测量技术

在化工实验及化工生产中,需要对过程的相关参数(如压力、流量、温度、物位等)进行测量,所采用的仪表即为测量仪表。本章介绍常用的化工实验参数测量技术及测量仪表。

4.1 测量仪表的基本技术性能

4.1.1 测量仪表的特性

测量仪表的特性直接关系到测量结果的优劣。测量仪表的特性分为静态特性和动态特性。静态特性表示测量仪表在被测输入量的各个值处于稳定状态下的输出与输入之间的关系。研究静态特性主要考虑其非线性与随机变化等因素。动态特性反映测量仪表对于随时间变化的输入量的响应特性。它包括频率响应和阶跃响应两方面。测量仪表的静态特性包括仪表的精度、灵敏度、灵敏限、线性度等,测量仪表的动态特性包括反应时间、滞后时间等。

1. 精度

仪表的精度即所得测量值接近真实值的准确程度。

在任何测量过程中都必然地存在着测量误差,因而在用测量仪表对实验参数进行测量时,不仅需要知道仪表的测量范围(即量程),而且还应知道测量仪表的精度,以便估计测量值的误差大小。测量仪表的精度通常用规定的正常条件下最大的或允许的相对百分误差 $\delta_允$ 表示,即

$$\delta_允 = \frac{|x_测 - x_标|_{max}}{量程上限值 - 量程下限值} \times 100\% \tag{4-1}$$

式中　$x_测$——被测参数的测量值;

　　　$x_标$——被测参数的标准值(标准表所测的数值或精度级别比被校表高的仪表所测的数值);

　　　$|x_测 - x_标| = \Delta x$——测量值的绝对误差。

由式(4-1)可以看出,测量仪表的精度不仅与绝对误差有关,还与仪表的测量范围有关。

仪表的精度等级表示的是在规定的正常工作条件下的相对百分误差,称为仪表的基本误差。如果仪表不在规定的正常工作条件下工作,由于外界条件变动而引起的额外误差称为仪表的附加误差。

所谓规定的正常工作条件是:环境温度为 (25 ± 10) ℃;大气压力为 (100 ± 4) kPa;大气相对湿度为 $(65 \pm 15)\%$;无振动,除万有引力场以外无其他物理场。

2. 灵敏度和灵敏限

灵敏度是测量仪表的输出量增量与被测输入量增量之比。线性测量仪表的灵敏度就是拟合直线的斜率,非线性测量仪表的灵敏度不是常数,为输出对输入的导数,在静态条件下是仪表的输出变化与输入变化的比值,即

$$S = \frac{\Delta a}{\Delta x} \tag{4-2}$$

式中　S——仪表的灵敏度；

Δa——仪表的输出变化值；

Δx——被测参数变化值。

灵敏限是能引起仪表输出变化的被测参数的最小（极限）变化量。一般仪表灵敏限的数值应不大于仪表最大绝对误差的二分之一，即

$$灵敏限 \leqslant \frac{1}{2}|x_{测} - x_{标}|_{max} \tag{4-3}$$

由式（4-1）可知

$$|x_{测} - x_{标}|_{max} = \delta_允 \times (量程上限值 - 量程下限值)$$

$$灵敏限 \leqslant \frac{精度等级}{2 \times 100} \times (量程上限值 - 量程下限值) \tag{4-4}$$

灵敏限只要满足式（4-4）即可，灵敏限过低没有必要，会使仪表造价高，不经济。

3. 线性度

理论上具有线性特性的测量仪表往往会由于各种原因而使实际特性偏离线性特性。非线性误差是指被校验仪表的实际测量曲线与理论直线之间的最大差值，如图 4-1 所示。

线性度是表征测量仪表输出与输入校准曲线和所选用的拟合直线（作为工作直线）之间吻合（或偏离）程度的指标。通常用相对误差来表示线性度，即

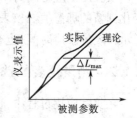

图 4-1　非线性误差特性示意

$$\delta_L = \pm \frac{\Delta L_{max}}{y_{F.S.}} \times 100\% \tag{4-5}$$

式中　δ_L——仪表的线性度；

ΔL_{max}——输出值与拟合直线间的最大差值（非线性误差）；

$y_{F.S.}$——理论满量程输出值。

一般要求测量仪表线性度要好，这样有利于后续电路的设计及选择。

4. 回差

回差（又称变差）是反映测量仪表在正（输入量增大）反（输入量减小）行程中输出—输入曲线的不重合程度的指标。通常用正反行程输出的最大差值 ΔH_{max} 计算（如图 4-2 所示），并以相对值表示。

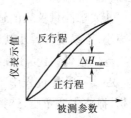

图 4-2　仪表的回差特性示意

$$\delta_H = \frac{\Delta H_{max}}{y_{F.S.}} \times 100\% \tag{4-6}$$

式中　δ_H——仪表的回差；

ΔH_{max}——正反行程输出的最大差值；

$y_{F.S.}$——理论满量程输出值。

5. 重复性

重复性是衡量测量仪表在同一条件下,输入量沿同一方向作全量程连续多次变化时,所得特性曲线间一致程度的指标。各条特性曲线越靠近,重复性越好。

6. 稳定性

稳定性是测量仪表在相当长的时间内仍保持其性能的能力。稳定性一般以室温下经过某一规定的时间间隔后,传感器的输出与起始标定的输出之间的差异来表示。

7. 反应时间

当用仪表对被测参数进行测量时,被测参数突然变化后,仪表指示值总是要经过一段时间才能准确地显示出被测参数。反应时间就是用来衡量仪表能不能尽快反映出参数变化的品质指标。仪表应该具有合适的反应时间,反应时间长,说明仪表需要较长时间才能给出准确的指示值,不适宜测量变化较快的参数。因为仪表尚未准确地显示出被测参数,参数就已改变了,仪表始终不能指示出参数瞬时值的真实情况。所以,仪表反应时间的长短实际上反映了仪表动态特性的好坏。

仪表的反应时间有不同的表示方法。当输入信号突然发生阶跃变化时,输出信号逐渐变化到新的稳态值。仪表的输出信号由开始变化到新稳态值的 63.2% 所用的时间可用来表示仪表的反应时间,也有用变化到新稳态值的 95% 所用的时间来表示反应时间的。

4.1.2 测量仪表的选用原则

在实际应用过程中,选择合适的测量仪表对组成测控系统十分重要。一般应按以下步骤进行。

(1)确定类型 根据被测参数的实际情况,确定要选用测量仪表的类型。

(2)确定型号 根据工艺要求,选择合适的测量仪表型号。选择型号时应考虑以下几方面的要求。

①要求测量仪表的工作范围或量程足够大,且具有一定的抗过载能力。

②与测量或控制系统的匹配性要好,转换灵敏度要高,同时测量仪表的线性度要好。

③测量仪表的静态和动态响应的准确度要满足要求,且长期工作的稳定性要好,即精度适当,稳定性高。

④要求测量仪表的适用性和适应性强。即动作能量小,对被测对象状态的影响小;内部噪声小,不易受外界干扰的影响。

⑤价格低,且易于使用、维修和校准。

在实际选用过程中,很少能找到同时满足上述要求的测量仪表,这就要求具体问题具体分析,抓住主要矛盾,选择适用的测量仪表。

4.2 压力(差)测量

在化工生产过程和化工基础实验中经常要考察流体流动阻力、某处的压力或真空度以及用节流式流量计测量流量,这些过程的本质都是进行压力差的测量。为了准确地测量压力差,需要了解测压的原理、测压计的分类、测压计的使用方法及测压过程中需要注意的事项等。下面分类介绍各种常用的测压方法。

4.2.1　压力计和压差计

1. 液柱式压差计

液柱式压差计是基于流体静力学原理设计的,结构简单,精度较高,既可用于测量流体的压力,又可用于测量流体管道两点间的压力差。它一般由玻璃管制成,常用的工作液体有水、水银、酒精等,所用液体与被测介质接触处必须有一个清楚而稳定的分界面,以便准确读数。因玻璃管的耐压能力低和长度所限,其只能用来测量较低的压力、真空度或压差。

液柱式压差计按构成方式分主要有 U 形管压差计、倒 U 形管压差计、单管压差计、斜管压差计、U 形管双指示液压差计等。其结构及特性见表 4-1。

表 4-1　液柱式压差计的结构及特性

名称	示意图	测量范围	静态方程	备注
U 形管压差计		高度差 h 不超过 800 mm	$\Delta p = hg(\rho_A - \rho_B)$（液体） $\Delta p = hg\rho$（气体）	零点在标尺中间,用前不需调零,常用作标准压差计
倒 U 形管压差计		高度差 h 不超过 800 mm	$\Delta p = \rho g h$	以待测液体为指示液,适用于较小压差的测量
单管压差计		高度差 h_1 不超过 1 500 mm	$\Delta p = h_1 \rho(1 + S_1/S_2)g$ 当 $S_1 \ll S_2$ 时, $\Delta p = h_1 \rho g$ S_1:垂直管的截面积 S_2:扩大室的截面积	零点在标尺下端,用前需调整零点,可用作标准压差计
斜管压差计		高度差 h_1 不超过 200 mm	$\Delta p = L\rho g(\sin \alpha + S_1/S_2)$ 当 $S_2 \gg S_1$ 时, $\Delta p = L\rho g \sin \alpha$ S_1:斜管的截面积 S_2:扩大室的截面积	α 小于 $15° \sim 20°$ 时可通过改变 α 的大小来改变测量范围,零点在标尺下端,用前需调整零点

续表

名称	示意图	测量范围	静态方程	备注
U形管双指示液压差计	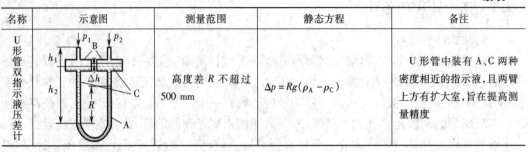	高度差 R 不超过 500 mm	$\Delta p = Rg(\rho_A - \rho_C)$	U形管中装有 A、C 两种密度相近的指示液,且两臂上方有扩大室,旨在提高测量精度

2. 弹性压力计

弹性压力计是工业生产中使用最广泛的压力测量仪表。其特点是结构简单、性能可靠、使用方便、价格低廉。常用弹性压力计的测压元件如表 4-2 所示,其中波纹膜和波纹管多用于微压和低压的测量,单圈和多圈弹簧管可用于高、中、低压乃至真空度的测量。

表 4-2　测压元件的结构和特性

类别	名称	示意图	测量范围/Pa		输出特性	动态特性	
			最小	最大		时间常数/s	自振频率/Hz
薄膜式	平薄膜		$0 \sim 10^4$	$0 \sim 10^8$		$10^{-5} \sim 10^{-2}$	$10 \sim 10^4$
	波纹膜		$0 \sim 1$	$0 \sim 10^6$		$10^{-2} \sim 10^{-1}$	$10 \sim 10^2$
	挠性膜		$0 \sim 10^{-2}$	$0 \sim 10^5$		$10^{-2} \sim 1$	$1 \sim 10^2$
波纹管式	波纹管		$0 \sim 1$	$0 \sim 10^6$		$10^{-2} \sim 10^{-1}$	$10 \sim 10^2$

类别	名称	示意图	测量范围/Pa		输出特性	动态特性	
			最小	最大		时间常数/s	自振频率/Hz
弹簧管式	单圈弹簧管		$0 \sim 10^2$	$0 \sim 10^9$		—	$10^2 \sim 10^3$
	多圈弹簧管		$0 \sim 10$	$0 \sim 10^8$		—	$10 \sim 10^2$

现以最常见的单圈弹簧管式压力计为例,说明弹簧管式压力计的工作原理。弹簧管式压力计主要由弹簧管、齿轮传动机构、示数装置(指针和分度盘)以及外壳等几部分组成,如图 4-3 所示。单圈弹簧管是一根弯成圆弧形的椭圆截面的空心金属管子。管子的一端固定在接头 9 上,另一端即自由端 B 封闭,并通过齿轮传动机构和指针连接。当施以被测的压力 p 后,由于椭圆形截面在压力 p 的作用下趋于圆形,弯成圆弧形的弹簧管随之产生向外挺直的扩张变形。由于变形,弹簧管的自由端 B 产生位移。施加的压力 p 越大,产生的变形也越大。由于施加的压力与弹簧管自由端 B 的位移成正比,只要测得 B 的位移量,就能反映压力 p 的大小。

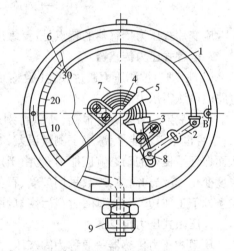

图 4-3　弹簧管式压力计示意

1—弹簧管　2—拉杆　3—扇形齿轮　4—中心齿轮

5—指针　6—面板　7—游丝　8—调整螺钉　9—接头

4.2.2　压力(差)传感器

随着工业自动化程度不断提高,仅仅采用就地指示仪表测定待测压力已远远不能满足要求,往往需要转换成容易远传的电信号,以便集中检测和控制。能够测量压力并将电信号远传的装置称为压力(差)传感器。传感器式压力计就是通过压力差传感器直接将被测压力转换成电阻、电流、电压、频率等形式的信号来进行压力测量。这种方法在自动控制系统中具有广泛用途和重要作用,除可用于一般压力的测量外,也适用于快速变化和脉动压力的测量。

1. 应变片式压力传感器

图 4-4 是应变片式压力传感器的测量原理图。应变筒 1 的上端与外壳 2 固定在一起,下端与不锈钢密封膜片 3 紧密接触,应变片 r_1 沿应变筒轴向贴放,r_2 沿径向贴放。当被测压力 p 作用于膜片而使应变筒因轴向受压变形时,沿轴向贴放的应变片 r_1 也将产生轴向压缩

应变 ε_1，于是 r_1 的阻值变小；而沿径向贴放的应变片 r_2 由于受到横向压缩将产生纵向拉伸应变 ε_2，于是 r_2 的阻值变大。然后通过桥式电路获得相应的电势输出，并用毫伏计或其他记录仪表显示出被测压力。

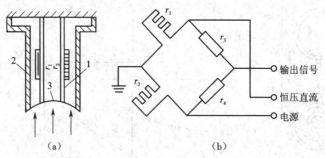

图4-4　应变片式压力传感器的测量原理

(a)传感筒　(b)测量桥路

1—应变筒　2—外壳　3—密封膜片

应变片式压力传感器的特点是：灵敏度和精确度较高，输出信号为线性，性能良好。

2.电容式压力传感器

(1)原理　被测压力通过膜盒(敏感元件)传到膜片上，从而使电容发生变化，通过测试电路便可测得压力值。

(2)特点　①灵敏度很高，所以特别适用于低压和微压的测量；②内部几乎不存在摩擦，本身也不消耗能量，减小了测量误差；③具有极小的可动质量，因而有较高的固有频率，从而保证了良好的动态响应能力；④由于用气体或真空作绝缘介质，介质损失小，不会引起温度变化；⑤结构简单，多数采用玻璃、石英或陶瓷作绝缘支架，因而可以在高温、辐射等恶劣条件下工作；⑥不易损坏，过载后恢复性能好。

3.压阻式压力传感器

压阻式压力传感器一般称为固态压力传感器或扩散型压阻式压力传感器。

(1)结构　将单晶硅膜片和电阻条采用集成电路工艺结合在一起构成硅压阻芯片，然后将此芯片封接在传感器的外壳内，接出电极引线。典型的压阻式压力传感器的结构如图4-5所示。硅膜片两边有两个压力腔，一个是和被测压力环境相通的高压腔，另一个是低压腔，通常以小管与大气或与其他参考压力源相通。

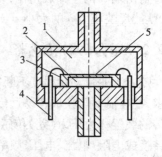

(2)特点　结构简单、测压范围宽($1 \times 10^2 \sim 5 \times 10^9$ Pa)、精度高(0.1%)、频率响应高(数十千赫兹)、尺寸小(最小直径可达0.5 mm)、便于实现数字化。

此外，还有一些类型的压力传感器，如压电式压力传感器、压磁式压力传感器、电感式压力传感器、光纤式压力传感器等，也在工业上有广泛应用。

图4-5　压阻式压力传感器的结构

1—低压腔　2—高压腔　3—硅杯

4—引线　5—硅膜片

4.2.3 压差计的校验和标定

新的压力计在出厂之前要进行校验,以鉴定其技术指标是否符合规定的精度。压力计使用一段时间以后也要进行校验,目的是确定其是否符合原有的精度,如果确认误差超过规定值,就应对压力计进行检修,检修后的压力计仍需进行校验才能使用。

对压力计进行校验的方法很多,一般分为静态校验和动态校验两大类。静态校验主要是测定静态精度,确定仪表的等级,它有两种方法,一种为"标准表比较法",另一种为"砝码校验法"。动态校验主要是测定压力计(主要是电测压力计)的动态特性,如仪表的过渡过程、时间常数和静态精度等,常用的方法是"激波管法"。

4.2.4 压差计安装和使用中的一些技术问题

(1)被测流体为液体 ①为防止气体和固体颗粒进入导压管,水平或侧斜管道的取压口应安装在管道下半平面,且与垂线的夹角 $a=45°$。②若测量系统两点的压力差,应尽量将压差计装在取压口下方,使取压口至压差计之间的导压管方向都向下,这样,气体就较难进入导压管。如测量压差的仪表不得不装在取压口上方,则从取压口引出的导压管应先向下敷设 1 000 mm,然后转弯向上通往压差测量仪表,目的是形成 1 000 mm 的液封,阻止气体进入导压管。③实验时首先将导压管内原有的空气排干净。为了便于排气,应在每根导压管与测量仪表的连接处安装一个放空阀,利用取压点处的正压,用液体将导压管内的气体排出。导压管的敷设宜垂直于地面或与地面成不小于 1/10 的倾斜度,不宜水平敷设。若导压管在两端点间有最高点,则应在最高点处装设集气罐。④取压点与测量仪表不在同一水平面上,也会使测量结果产生误差,应予校正。⑤当被测介质为液体时,若两根导压管中的液体温度不同,会造成两边密度不同而引起压差测量误差。

(2)被测流体为气体 为防止液体和粉尘进入导压管,宜将测量仪表装在取压口上方。若必须装在下方,应在导压管路最低点处装设沉降器和排污阀,以便排出液体或粉尘。在水平或倾斜管中,气体取压口应安装在管道上半平面,与垂线的夹角应小于或等于 45°,以使液体和固体不易进入导压管。

(3)介质为蒸气 以靠近取压点的冷凝器内的凝液液面为界,将导压系统分为两部分:取压点至凝液液面为第一部分,内含蒸气,要求保温良好;凝液液面至测量仪表为第二部分,内含冷凝液,要求两冷凝器液面高度相等。第二部分起传递压力信号的作用。导压系统的第二部分和压差测量仪表均应安装在取压点和冷凝器下方。冷凝器应具有足够大的容积和水平截面积。

(4)弹性元件的温度过高会影响测量精度 金属材料的弹性模数随温度升高而降低。如弹性元件直接与温度较高的介质接触或受到高温设备(如炉子)热辐射的影响,弹性压力计的指示值将偏高,使测量产生误差。因此,弹性压力计一般应在低于 50 ℃ 的环境下工作,或在采取必要的防高温隔热措施的情况下工作。测量水蒸气的弹性压力计与取压点之间常安装一个圈式隔离件就是这个道理。

(5)弹性式压力计量程的选择 弹性式压力计所测压力范围宜小于全量程的 3/4,被测压力的最小值应大于全量程的 1/3。前者是为了避免仪表因超负荷而被破坏,后者是为了保证测量值的准确度。

70

(6)隔离器和隔离液的使用　测量高黏度、有腐蚀性、易冻结、易析出固体的被测流体时,应采用隔离器和隔离液,以免被测流体与压差测量仪表直接接触而破坏仪表的正常工作性能。测量压差时,正、负两隔离器内液体界面的高度应相等且保持不变。因此,隔离器应具有足够大的容积和水平截面积。隔离液除与被测介质不互溶之外,还应与被测介质不起化学反应,且冰点足够低,能满足具体问题的实际需要。

(7)放空阀、切断阀和平衡阀的正确用法　图4-6是压差测量系统的安装示意。切断阀1、2是为了检修仪表用。放空阀5、6的作用是排出对测量有害的气体或液体。平衡阀3打开时能平衡压差测量仪表两个输入口间的压力,使仪表所承受的压差为零,可避免因过大的$(p_1 - p_2)$信号冲击或操作不当而损坏压差测量仪表。所谓操作不当是指在无平衡阀或平衡阀未打开的情况下,两切断阀同时处于开、闭状态。假设阀1开阀2闭,若放空阀6突然被打开或刚被打开过,则压差测量仪表将承受很大的非常态压差,使弹性式仪表的敏感元件性能发生变化,产生意外的误差,甚至仪表受损。解决的办法是:①设置平衡阀,且将平衡阀装在切断阀与测量仪表之间,如图4-6所示;②实验装置开始运转之前和停止运转之前,应打开平衡阀;③关闭平衡阀之前应认真检查两个切断阀,当两个切断阀均已打开或均已关闭时,才能关闭平衡阀;④打开放空阀5或6之前,务必打开平衡阀。

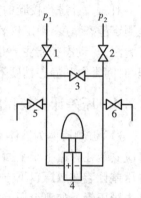

图4-6　压差测量系统的
安装示意

1,2—切断阀　3—平衡阀
4—压差测量仪表　5,6—放空阀

(8)导压管应密封　全部导压管应密封良好,无渗漏现象。有时很小的渗漏会造成很大的测量误差。因此安装好导压管后应做一次耐压试验,试验压力为操作压力的1.5倍。气密性试验压力为400 mmHg柱。

(9)导压管的长度　为了避免反应迟缓,导压管的长度不得超过50 m。

(10)测压孔的开取　在开取测压孔时,应不影响流体的流动,以免因流速的变化导致测取的压力失真。

4.3　流量测量技术

4.3.1　节流式流量计

节流式流量计又叫差压式流量计,是利用流体流经节流件时产生压力差而实现流量测量的。它通常由能将被测流量转换成压力差信号的节流件(如孔板、喷嘴、文丘里管等)和测量压力差的压差计组成。

1. 流量基本方程

表示流量计的流量和压差之间关系的方程称为流量基本方程(式4-7),它是由连续性方程和伯努利方程导出的,即

$$Q = \alpha A_0 \varepsilon \sqrt{\frac{2}{\rho}(p_1 - p_2)} \tag{4-7}$$

式中　Q——流体流量,m^3/s;

α——实际流量系数(简称流量系数);

A_0——节流孔开孔面积，m^2，$A_0 = \dfrac{\pi}{4}d_0^2$，$d_0$ 为节流孔直径，m；

ε——流束膨胀校正系数；

ρ——流体密度，kg/m^3；

$p_1 - p_2$——节流孔上下游两侧压力差，Pa。

（1）流束膨胀校正系数 ε 对不可压缩性流体，$\varepsilon = 1$；对可压缩性流体，$\varepsilon < 1$。ε 与直径比 $\beta(\beta = d_0/D)$、压力的相对变化值 $\Delta p/p_1$、气体等熵指数 k 及节流件的形式等因素有关。

（2）实际流量系数 α 实际流量系数 α 是一个影响因素复杂、变化范围较大的量，其数值与下列因素有关：

①节流件的形式；

②截面积比 m，$m = \dfrac{A_0}{A} = \dfrac{d_0^2}{D^2}$，$A$、$D$ 分别为管道的截面积和内径；

③按管道计算的雷诺数 Re_D，$Re_D = \dfrac{u_D D \rho}{\mu}$；

④节流件的取压方式；

⑤管道内壁的粗糙度；

⑥孔板入口边缘的尖锐程度。

实际流量系数 α 与诸因素的关系常用如下数学形式表示：

标准孔板 $\quad \alpha = k_1 \times k_2 \times k_3 \times \alpha_0$

其他标准节流件 $\quad \alpha = k_1 \times k_2 \times \alpha_0$

式中 α_0——原始流量系数（它是在光滑管中，管内雷诺数 Re_D 大于界限雷诺数 Re_k 的条件下，用实验方法测得的）；

$\quad\quad k_1$——黏度校正系数；

$\quad\quad k_2$——管壁粗糙度校正系数；

$\quad\quad k_3$——孔板入口边缘尖锐程度的校正系数。

以上各值均可以从有关专著中查到。

2. 流量系数与雷诺数 Re_D 之间的关系

这里讲的流量系数包括实际流量系数 α 和原始流量系数 α_0。两者数值不同，但随 Re_D 变化的规律相似。

在节流件的结构形式和尺寸、取压方式及管道粗糙度均一定的情况下，实际流量系数 $\alpha = f(Re_D, m)$；当截面积比 m 一定时，流量系数 α 仅随雷诺数 Re_D 而变，即 $\alpha = \varphi(Re_D)$。

图4-7为3种标准节流件的 α_0—Re_D 关系图。由图可见，当管道的雷诺数 Re_D 较小时，α 随 Re_D 的变化很大，且规律复杂；当 Re_D 大于某一界限值（Re_k）以后，α 不再随 Re_D 变化，而趋向于一个常数。

因为只有在 α 为常数的情况下，流量基本方程中的流量 Q 与压差 $(p_1 - p_2)$ 才具有比较简单、明确而且容易确定的数学关系，也便于确定直读流量标尺的刻度。所以一般都千方百计地让流量计在 α 为常数的范围内测量。

3. 标准节流装置

标准节流装置由标准节流件、标准取压装置和节流件前后的测量管3部分组成。目前，

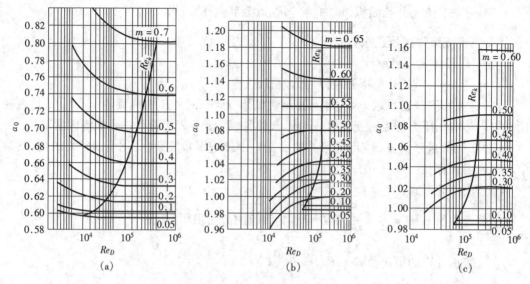

图 4-7　标准节流件的原始流量系数与雷诺数的关系

(a)标准孔板　(b)标准喷嘴　(c)标准文丘里管

国际标准已作规定的标准节流装置有以下几种：角接取压标准孔板、法兰取压标准孔板、径距取压标准孔板、角接取压标准喷嘴、径距取压长径喷嘴、文丘里喷嘴、古典文丘里管等。

下面简介几种节流件。

(1)孔板　孔板(见图4-8)的特点：结构简单，易加工，造价低，但能量损失大于喷嘴和文丘里管。

孔板安装时应注意方向，不得装反；加工时要求严格，特别是 G、H 和 I 处要尖锐，无毛刺等，否则将影响测量精度。因此在测量过程中易使节流装置变脏、磨损和变形的脏污或腐蚀性的介质不宜使用孔板。

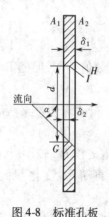

图 4-8　标准孔板

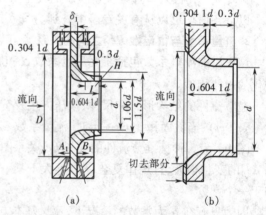

图 4-9　标准喷嘴图

(a)$d < \dfrac{2}{3}D$　(b)$d > \dfrac{2}{3}D$

(2)喷嘴　喷嘴(见图4-9)的特点：能量损失大于文丘里管，有较高的测量精度，对腐蚀性强、易磨损喷嘴和脏污的被测介质不太敏感,所以在测量这类介质时,可选用这种节流装置。此外,喷嘴前后所需的直管段长度较短。

(3)文丘里管　文丘里管(见图4-10)的特点:能量损失为各种节流件中最小的,流体流过文丘里管后压力基本能恢复;但制造工艺复杂,成本高。

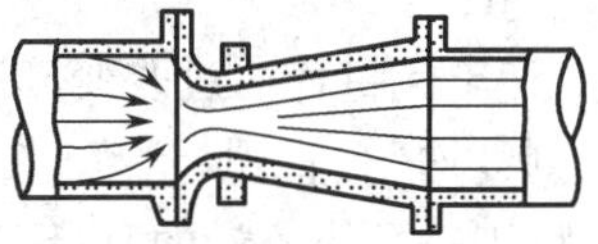

图4-10　文丘里管及其节流
现象示意

4.取压方式

节流式流量计的输出信号是从节流件前后取出的压差信号,采用不同的取压方式,取出的压差值也不同,对于同一个节流件,流量系数也不同。目前国际上通常采用的取压方式有理论取压法、径距取压法($(0.5 \sim 1.0)D$ 取压法)、角接取压法和法兰取压法。具体细节请参阅相关专著。

5.使用节流式流量计的技术问题

节流式流量计是基于如下工作原理计量的:一定的流量使管内的节流件前后有一定的速度分布和流动状态,流体经过节流孔时产生速度变化和能量损失以致产生压力差,通过测量压差可获得该流量。由此可知,影响速度分布、流动状态、速度变化和能量损失的所有因素都会对流量与压差的关系产生影响,使流量与压差的关系发生变化,从而导致测量误差。因此,需注意以下几个问题。

①流体必须为牛顿型流体,在物理上和热力学上是单相的,或者可认为是单相的,且流经节流件时不发生相变。

②流体在节流装置前后必须完全充满管道的整个截面。

③被测流量应该是稳定的,即在进行测量时,流量应不随时间变化,或即使变化也非常缓慢。节流式流量计不适用于对脉动流和临界流体的流量进行测量。

④保证节流件前后的直管段足够长,一般上游直管段长度为$(30 \sim 50)D$,下游直管段长度为$10D$左右。

⑤需检查节流装置的管道直径是否符合设计要求,允许偏差为:$d_0/D > 0.55$ 时,允许偏差为 $\pm 0.005D$;$d_0/D \leq 0.55$ 时,允许偏差为 $\pm 0.02D$。其中 d_0 为孔径,D 为管道直径。

⑥节流装置的垫圈在夹紧之后,内径不得小于管径。

⑦节流件的中心应位于管道的中心线上,最大允许偏差为 $0.01D$。节流件入口端面应与管道中心线垂直。

⑧在节流件上下游至少2倍管道直径的距离内,无明显不光滑的凸块、电气焊熔渣、凸出的垫片、露出的取压口接头、铆钉、温度计套管等。

⑨取压口、导压管和压差测量问题对流量测量精度的影响也很大,安装时可参看压力(差)测量部分。

⑩长期使用的节流装置必须考虑有无腐蚀、磨损、结污问题,若观察到节流件的几何形状和尺寸已发生变化,应采取有效措施妥善处理。

⑪注意节流件的安装方向。使用孔板时,圆柱形锐孔应朝向上游;使用喷嘴和1/4圆喷嘴时,喇叭形曲面应朝向上游;使用文丘里管时,较短的渐缩段应装在上游,较长的渐扩段应装在下游。

⑫当被测流体的密度与设计计算或流量标定用的流体密度不同时,应对流量与压差的

关系进行修正。

4.3.2 转子流量计

转子流量计通过改变流通面积的方法来测量流量。转子流量计具有结构简单、价格便宜、刻度均匀、直观、量程比(仪器测量上限与下限之比)大、使用方便、能量损失较小等特点,特别适合小流量的测量。选择适当的锥形管和转子材料还可以测量腐蚀性流体的流量,所以在化工实验和生产中被广泛采用。转子流量计测量的基本误差为刻度最大值的 ±2% 左右。

1. 结构形式

转子流量计的结构形式见图 4-11。

2. 流量基本方程及其应用

转子流量计的流量方程为

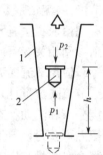

图 4-11 转子流量计的结构形式示意
1—锥形管 2—转子

$$Q = \alpha A_0 \sqrt{\frac{2g}{\rho} \times \frac{V_f(\rho_f - \rho)}{A_f}} \tag{4-8}$$

上式表明流量 Q 为转子最大截面处环形通道面积 A_0 的函数;Q—A_0 的关系与被测流体的密度 ρ、转子的材料和尺寸(ρ_f、A_f、V_f)、流量系数 α 有关。因为使用了锥形管,所以环形通道面积 A_0 随转子高度而变。

下面是流量基本方程在几个方面的应用。

①转子流量计的流量与流量读数的关系是用水(对于液体)或空气(对于气体)在 20 ℃、标准大气压的条件(标准状况)下标定的,即一般生产厂家是用密度 $\rho_{液标} = 998.2 \ kg/m^3$ 的水和密度 $\rho_{气标} = 1.205 \ kg/m^3$ 的空气标定的。若被测液体介质的密度 $\rho_液 \neq \rho_{液标}$,被测气体介质的密度 $\rho_气 \neq \rho_{气标}$,必须对流量标定值 $Q_{液标}$ 或 $Q_{气标}$ 按下式进行修正,才能得到测量条件下的实际流量值 $Q_液$ 或 $Q_气$。

对于液体

$$Q_液 = Q_{液标} \sqrt{\frac{\rho_f - \rho_液}{\rho_f - \rho_{液标}} \times \frac{\rho_{液标}}{\rho_液}} \tag{4-9}$$

对于气体

$$Q_气 = Q_{气标} \sqrt{\frac{\rho_f - \rho_气}{\rho_f - \rho_{气标}} \times \frac{\rho_{气标}}{\rho_气}} \approx Q_{气标} \sqrt{\frac{\rho_{气标}}{\rho_气}} \tag{4-10}$$

②需要改量程时,一般采用另一种材料制作转子,维持其形状和尺寸不变。设更换转子前后的流量分别为 Q、Q',转子的密度分别为 ρ_f、ρ'_f,则 Q' 可由下式求出:

$$Q' = Q \sqrt{\frac{\rho'_f - \rho}{\rho_f - \rho}} \tag{4-11}$$

3. 使用转子流量计应注意的问题

①安装必须垂直。

②转子对沾污比较敏感。如果沾附有污垢则转子的质量 M_f、环形通道的截面积 A_f 会发生变化,有时还可能出现转子不能上下垂直浮动的情况,从而引起测量误差。

③调节或控制流量不宜采用速开阀门(如电磁阀等),否则,迅速开启阀门转子就会冲到顶部,因骤然受阻失去平衡而将玻璃管撞破或被撞碎。

④搬动时应将转子卡住,对于大口径转子流量计更应如此。因为在搬动过程中玻璃锥形管常会被金属转子撞破。

⑤若被测流体温度高于70 ℃,应在流量计外安装保护罩,以防玻璃管因溅上冷水而骤冷破裂。

⑥流量计的正常测量值最好选在测量上限的1/3～2/3之间。

4.3.3　涡轮流量计

涡轮流量计为速度式流量计,是在动量矩守恒原理的基础上设计的。涡轮叶片因流动流体冲击而旋转,旋转速度随流量变化而改变。通过适当的装置将涡轮转速转换成脉冲电信号。通过测量脉冲频率或用适当的装置将电脉冲转换成电压或电流输出,最终测取流量。

涡轮流量计的优点:

①测量精度高。精度可以达到0.5级以上,在狭小范围内甚至可达0.1%。故可作为校验1.5～2.5级普通流量计的标准计量仪表。

②对被测信号的变化反应快。被测介质为水时,涡轮流量计的时间常数一般只有几毫秒到几十毫秒,故特别适用于对脉动流量的测量。

1. 结构和工作原理

如图4-12所示,涡轮流量计的主要组成部分有前、后导流器,涡轮和支承,磁电转换器(包括永久磁铁和感应线圈),前置放大器。

导流器由导向环(片)及导向座组成。流体在进入涡轮前先经导流器导流,以避免流体的自旋改变流体与涡轮叶片的作用角度,保证仪表的精度。导流器装有摩擦很小的轴承,用以支承涡轮。轴承的合理选用对延长仪表的使用寿命至关重要。涡轮由导

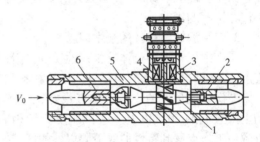

图4-12　涡轮流量计的结构
1—涡轮　2—支承　3—永久磁铁
4—感应线圈　5—壳体　6—导流器

磁的不锈钢制成,装有数片螺旋形叶片。导磁性叶片旋转时,便周期性地改变磁电系统的磁阻值,使通过涡轮上方线圈的磁通量发生周期性变化,因而在线圈内感应出脉冲电信号。在一定流量范围内,导磁性叶片旋转的速度与被测流体的流量成正比,因此通过脉冲电信号频率的大小得到被测流体的流量。

2. 涡轮流量计的特性

涡轮流量计的特性有两种表示方法:①脉冲信号的频率(f)与体积流量(Q)曲线;②仪表常数(ξ)与体积流量(Q)曲线,仪表常数 ξ 为每升流体通过时输出的电脉冲数(脉冲数/L),即

$$Q = \frac{f}{\xi} \tag{4-12}$$

特性曲线如图4-13所示。ξ 与 Q 关系曲线应用较为普遍。

从涡轮流量计的特性曲线示意图(图4-13)可以看出:①流量很小的流体通过流量计时,涡轮并不转动,只有当流量大于某一最小值,能克服启动摩擦力矩时,涡轮才开始转动;②当流量较小时,仪表特性不良。这主要是由于黏性摩擦力矩的影响。当流量大于某一数

值后,频率 f 与流量 Q 才近似为线性关系,应该认为这是变送器测量范围的下限。由于轴承寿命和压力损失等条件的限制,涡轮的转速也不能太大,所以测量范围上限也有限制。

介质黏度的变化对涡轮流量计的特性影响很大。一般随着介质黏度的增大,测量范围的下限提高,上限降低。出厂的涡轮流量计的特性曲线和测量范围是用常温水标定的。当被测介质的运动黏度大于 5×10^{-6} m^2/s 时,黏度的影响不能忽略。此时,如欲维持较高的测量精度,必须提高使用范围的下限,缩小量程比。若需得到较确切的数据,可用被测流体对仪表重新标定。

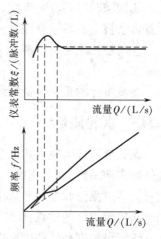

图 4-13 涡轮流量计
的特性曲线

流体密度的大小对涡轮流量计的特性影响也很大。一是影响仪表的灵敏限,通常密度大,灵敏限低。所以涡轮流量计对密度大的流体感度较好。二是影响仪表常数 ξ 的值。三是影响测量范围的下限。通常密度大,测量范围的下限低。图 4-14 所示为被测介质是气体时,不同压力下涡轮流量计的特性曲线。此时,气体压力的影响实际反映的是流体密度的影响。

3. 使用涡轮流量计的技术问题

①必须了解被测流体的物理性质、腐蚀性和清洁程度,以选用合适的涡轮流量计的轴承材料和类型。

②涡轮流量计的一般工作点最好在仪表测量范围上限数值的 50% 以上。这样即使流量稍有波动,不致使工作点移到特性曲线下限以外的区域。

③应了解介质的密度、黏度及其变化情况,考虑是否有必要对流量计的特性进行修正。

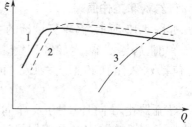

图 4-14 被测流体压力对涡轮
流量计特性的影响
1—$p = 9.41 \times 10^5$ Pa 2—$p = 2.35 \times 10^5$ Pa
3—$p = 1.18 \times 10^5$ Pa

④由于涡轮流量计出厂时是在水平安装情况下标定的,所以应用时必须水平安装,否则会引起仪表常数的变化。

⑤为了确保叶轮正常工作,流体必须洁净,切勿使污物、铁屑、棉纱等进入变送器。因此需在流量计前加装滤网,网孔大小一般为 100 孔$/cm^2$,特殊情况下可选用 400 孔$/cm^2$ 的网孔。这一问题不容忽视,否则将导致测量精度下降、数据重现性差、使用寿命缩短、叶轮不能自如转动,甚至被卡住、被损坏等不良后果。

⑥流场变化会使流体旋转,改变流体和涡轮叶片的作用角度,此时,即使流量稳定,涡轮的转速也会改变,所以为了保证变送器性能稳定,除了在其内部设置导流器外,还必须在流量计前后分别留出长度为管径 15 倍和 5 倍以上的直管段。实验前若在流量计前装设流束导直器或整流器,流量计的精度和重现性将会进一步提高。

⑦被测流体的流动方向须与流量计所标箭头方向一致。

⑧感应线圈绝不要轻易转动或移动,否则会引起很大的测量误差,必须要动时,事后必须重新校验。

⑨轴承损坏是涡轮运转不好的常见原因之一。轴承和轴的间隙应等于 $(2 \sim 3) \times 10^{-2}$

mm,太大时应更换轴承。更换后必须对流量计重新校验。

由于流体种类繁多,应用领域广泛,测量要求不同,流量计的类型也多种多样。除了上文介绍的几种流量计外,还有很多种基于不同原理设计的流量计,如靶式流量计、皮托管流量计、椭圆齿轮流量计、旋转活塞流量计、电磁流量计、旋涡式流量计、超声波流量计和质量流量计等。

4.3.4　流量计的检验和标定

能够正确地使用流量计,才能得到准确的流量测量值。应该充分了解流量计的构造和特性,采用与其相适应的方法进行测量,还要注意使用中的维护、管理,每隔适当的时间标定一次。当遇到下述几种情况时,均应考虑对流量计进行标定。

①使用长时间放置的流量计;

②要进行高精度测量时;

③对测量值产生怀疑时;

④当被测流体的特性不符合标定流量计用的流体的特性时。

标定液体流量计的方法可按校验装置中标准器的形式分为容器式、称重式、标准体积管式和标准流量计式等。

标定气体流量计的方法按使用的标准容器的形式分为容器式、音速喷嘴式、肥皂膜实验器式、标准流量计式、湿式流量计式等。标定气体流量计时需特别注意测量流过被标定流量计和标准器的试验气体的温度、压力、湿度。另外对试验气体的特性必须在试验之前了解清楚,如气体是否溶于水,在温度、压力的作用下其性质是否会发生变化等。

4.4　温度测量技术

温度是表征物体冷热程度的物理量。温度不能直接测量,只能借助于冷热物体的热交换以及随冷热程度变化的某些物理特性间接测量。

按测温原理不同,测量温度大体有以下几种方式。

（1）热膨胀　固体的热膨胀、液体的热膨胀、气体的热膨胀（定压或定容）。采用此方式的温度计有双金属温度计、玻璃管液体温度计等。

（2）电阻变化　导体或半导体受热后电阻发生变化。采用此方式的温度计为热电阻温度计。

（3）热电效应　由不同材质的导线连接的闭合回路,如果两接点的温度不同,回路内就产生热电势。采用此方式的温度计为热电偶温度计。

（4）热辐射　物体的热辐射随温度的变化而变化。采用此方式的温度计有辐射式高温计、光学高温计等。

随着科学技术的发展,近年来又相继提出一些新的测温原理,如射流测温原理、涡流测温原理、激光测温原理等。

下面介绍常用的测温技术。

4.4.1　热电偶温度计

1.热电偶测温原理

把两种不同的导体或半导体连接成图 4-15 所示的闭合回路。如果将它们的两个接点

分别置于温度为 t 及 $t_0(t>t_0)$ 的热源中,则在回路内会产生热电动势(简称热电势),这种现象称为热电效应。两种不同导体的组合就称为热电偶。每根单独的导体称为热电极。两个接点中,一端称为工作端(测量端或热端),如 t 端;另一端称为自由端(参比端或冷端),如 t_0 端。当热电偶材质一定时,热电偶的总热电势 $E_{AB}(t,t_0)$ 是温度 t 和 t_0 的函数差,即

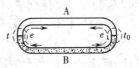

图 4-15 热电偶回路

$$E_{AB}(t,t_0) = f(t) - f(t_0) = e_{AB}(t) - e_{AB}(t_0) \tag{4-13}$$

若工作端和自由端的温度分别为 t_1、t_2,热电偶还具有以下特点。

①热电偶 AB 产生的热电势与 A、B 材料的中间温度 t_3、t_4 无关,只与接点温度 t_1、t_2 有关,即

$$E_{AB}(t_1,t_2) = f(t_1,t_2) \tag{4-14}$$

②若热电偶 AB 在接点温度为 t_1、t_2 时的热电势为 $E_{AB}(t_1,t_2)$,在接点温度为 t_2、t_3 时的热电势为 $E_{AB}(t_2,t_3)$,则在接点温度为 t_1、t_3 时的热电势为

$$E_{AB}(t_1,t_3) = E_{AB}(t_1,t_2) + E_{AB}(t_2,t_3) \tag{4-15}$$

③若任何两种金属(A、B)对于参考金属(C)的热电势已知,那么由这两种金属结合而成的热电偶的热电势是它们对参考金属的热电势的代数和,即

$$E_{AB}(t_1,t_2) = E_{AC}(t_1,t_2) + E_{CB}(t_1,t_2) \tag{4-16}$$

④在热电偶回路中任意处接入材质均匀的第三种金属导线,只要此导线的两端温度相同,则第三种导线接入不会影响热电偶的热电势。

2. 热电偶冷端的温度补偿

由热电偶测温原理可知,只有当热电偶的冷端温度保持不变时,热电势才是热端温度的单值函数,因此必须设法维持冷端温度恒定。可采用下述几种措施。

1)使用补偿导线将冷端延伸至温度恒定处

若冷端距热端(工作端)很近,冷端温度往往不易恒定。比较好的办法是让冷端远离热端,延伸到恒温或温度波动较小的地方(如检测、控制室内)。若热电极是比较贵重的金属,用热电极的材料做冷端延伸线很不经济,可在热电偶线路中接入适当的补偿导线,如图 4-16 所示。只要热电偶的原冷接点 4、5 两处的温度在 0~100 ℃之间,将热电偶的冷接点移至恒温器内补偿导线的端点 2 和 3 处,就不会影响热电偶的热电势。

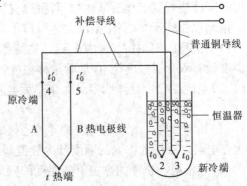

图 4-16 补偿导线的接法和作用

这些补偿导线的特点是,在 0~100 ℃范围内与所要连接的热电极具有相同的热电性能,属于价格比较低廉的金属。若热电偶也是廉价金属,则补偿导线就是热电极的延长线。

连接和使用补偿导线时应注意检查补偿导线的型号与热电偶的型号是否匹配,极性连接是否正确(补偿导线的正极应连接热电偶的正极),如果极性连接不对,测量误差会很大;在确定补偿导线的长度时,应保证两根补偿导线的电阻与热电偶的电阻之和不超过仪表外

电路电阻的规定值;热电极和补偿导线连接端处的温度不超过 100 ℃,否则会由于热电特性不同产生新的误差。

2)维持冷端温度恒定

①冰浴法。此法通常先将热电偶的冷端放在盛有绝缘油的试管中,然后将试管放入盛满冰水混合物的容器中,使冷端温度维持在 0 ℃。通常的热电势—温度关系曲线都是在冷端温度为 0 ℃下得到的。

②将热电偶的冷端放入恒温器中,并使恒温器的温度维持在高于常温的某一恒温 t_0。此时,与热端温度 t 相对应的热电势 $E(t,0 ℃)$ 可由下式算出:

$$E(t,0 ℃) = E(t,t_0) + E(t_0,0 ℃) \tag{4-17}$$

式中 $E(t,t_0)$ 是冷端温度为 t_0 时测得的热电势,$E(t_0,0 ℃)$ 是由标准热电势—温度关系曲线(冷端温度为 0 ℃)查得的 t_0 时的热电势。

当多对热电偶配用一台仪表时,为节省补偿导线和不使用特制的大恒温器,可以加装补偿热电偶,其连接线路见图 4-17。

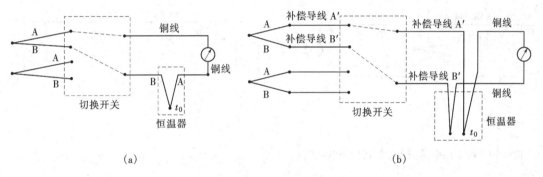

图 4-17 补偿热电偶的连接线路
(a)使用热电偶补偿 (b)使用补偿导线补偿

3)补偿电桥法

补偿电桥法是利用不平衡电桥产生的电势来补偿热电偶因冷端温度变化而引起的热电势的变化。如图 4-18 所示,不平衡电桥(即补偿电桥)由电阻 r_1、r_2、r_3(锰铜丝绕制)、r_{Cu}(t_0)(铜丝绕制)4 个桥臂和桥路的电源组成,串联在热电偶测量回路中。热电偶的冷端与电阻 $r_{Cu}(t_0)$ 感受相同的环境温度。通常先让热电偶的冷端和补偿电桥同时处于 20 ℃下,使电桥处于平衡状态,此时,a、b 两点处的电位相等,$V_{ab}=0$,即电桥对热电势测量仪表的读数无任何影响。当环境温度高于 20 ℃时,热电偶冷端温度升高,热电势减小 ΔE_1,测量仪表的读数应减小 ΔE_1。与此同时,温度升高,铜电阻 r_{Cu}

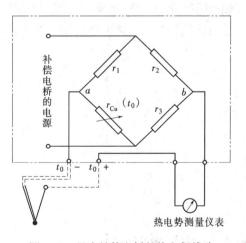

图 4-18 具有补偿电桥的热电偶线路

(t_0)增大,电桥平衡被破坏,a、b 间输出不平衡电位差 ΔE_2,测量仪表的读数应增大 ΔE_2。因

80

ΔE_1 与 ΔE_2 大小相等,正好相互抵消,所以测量仪表的读数维持不变,即热电偶冷端温度的变化对测量结果没有影响。补偿电桥的电源电压应该稳定,否则将产生较大的补偿误差。

3. 热电偶的串、并联应用

(1)按图 4-19 串联两支热电偶,测量两点之间的温度差 应用时要求两支热电偶的型号相同;配用的补偿导线相同;两支热电偶的热电势 E 与温度 t 的关系应为线性,例如镍铬—镍硅热电偶;两支热电偶用补偿导线延伸出的新冷端温度必须一致。

因为两支热电偶在回路中等效于反接,所以仪表测得的是它们的热电势之差,由此可测出 t_1 和 t_2 的差值。

(2)按图 4-20 的方式串联多支热电偶,测量它们的热电势之和 串联时热电偶 1 的正极与热电偶 2 的负极相接。用这种串联电路测出的热电势之和除以串联数,即得热电势的平均值,最后得到 t_1、t_2、t_3 的平均值;测量微小温度变化或微弱辐射能时,用这种串联电路可获得较大的输出热电势或较高的输出灵敏度。在串联电路中,每一支热电偶引出的补偿导线必须回接到冷端 t_0,并避免测量接点(热端)接地。

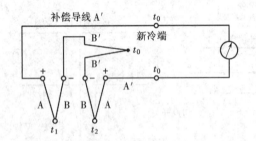

图 4-19 两支热电偶同极性相接的串联电路

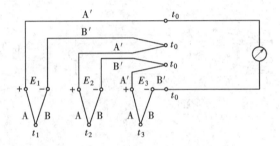

图 4-20 热电偶不同极性相接的串联电路

(3)热电偶并联,测量多点温度的平均值 由图 4-21 所示的并联电路可测得 3 个热电偶热电势的平均值,即 $E = (E_1 + E_2 + E_3)/3$,如 3 个热电偶均工作在特性曲线的线性部分,便可由 E 值得到各点温度的算术平均值。为避免 t_1、t_2、t_3 不等时热电偶回路内的电流受热电偶电阻变化的影响,通常在电路中串联阻值较大的(相对于热电偶电阻)电阻 R_1、R_2、R_3。本法的缺点是当某一热电偶烧断时不能及时觉察。

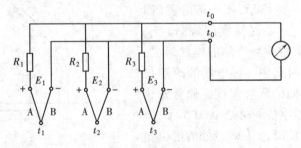

图 4-21 热电偶并联线路

4.4.2 热电阻温度计

在测温领域,除了热电偶温度计以外,常用的还有热电阻温度计。热电阻温度计是利用随着温度的变化,测温元件的电阻值发生变化,通过检测电阻值的大小来测定温度的。热电偶温度计在500 ℃以下温度的测量中输出的热电势很小,测量容易产生误差。因此在工业生产中,–120～500 ℃范围内的温度测量常常使用热电阻温度计。在特殊情况下,热电阻温度计测量温度的下限可达–270 ℃,上限可达1 000 ℃。

热电阻温度计的突出优点是:

①测量精度高,630 ℃以下的温度可用铂电阻温度计作为基准温度计;

②灵敏度高,在500 ℃以下用电阻温度计测量较用热电偶温度计测量信号强,因而测量准确。

纯金属及多数合金的电阻率随温度升高而增加,即具有正的温度系数。在一定温度范围内,电阻—温度的关系是线性的。若已知金属导体在温度为0 ℃时电阻为R_0,则在温度为t时电阻R为

$$R = R_0 + \alpha R_0 t \qquad (4-18)$$

式中α为平均电阻温度系数。

各种金属具有不同的平均电阻温度系数,只有具有较大的平均电阻温度系数的金属才有可能作为测温用的热电阻。最佳和最常用的热电阻温度计材料是纯铂,其测量范围为–200～500 ℃。铜丝电阻温度计有一定的应用范围,其测温范围为–150～180 ℃。

为了减小导线的电阻对测量的影响,常采用三线制,即图4-22所示的线路来测量热电阻的阻值。要注意对通过R_t的电流加以限制,否则会引起较大的误差。

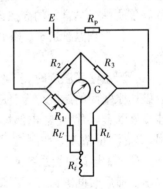

图4-22　三线制连接线路

4.4.3　温度计的使用技术

在进行温度测量时需要考虑以下几点。

(1)温度计的设置　温度计的感温部分所在处必须按照工艺要求严格设置。

(2)尽量消除热交换引起的测温误差　温度测量的关键是温度计的热端温度是否等于热端所在处被测物体的温度。两者若不相等,原因是测量时热量不断从热端向周围环境传递,同时热量不断从被测物体向热端传递,被测物体到热端再到周围环境的方向有温度梯度。减小这种误差的方法是尽量减小热端与周围环境之间的温度差和传热速率,具体办法如下。

①当待测温对象是管内流体时,若条件允许,应尽量使作为周围环境的管壁与热端的温度差变小。为此可在管壁外面包一层绝热层(如石棉等)。管子壁面的热损失愈大,管道内流体的测温误差也愈大。

②可在热端与管壁之间加装防辐射罩,减小热端和管壁之间的辐射传热速率。防辐射罩表面的黑度愈小(反光性愈强),其防辐射效果愈好。防辐射罩的形式见图4-23。

③尽量减小温度计的体积,减小保护套管的黑度、外径、壁厚和导热系数。减小黑度和外径可减小保护套管与管壁之间的辐射传热。减小外径、壁厚和导热系数可减小保护套管在轴线方向上的高温处与低温处之间的导热速率。

④增加温度计的插入深度,管外部分应短些,而且要有保温层。目的是减小贴近热端的

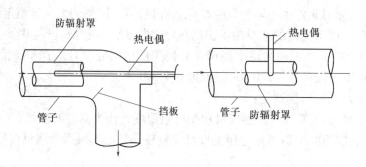

图 4-23　热端的防辐射罩示意

保护套管与裸露的保护套管之间的导热速率。因此,管道直径较小时,宜将温度计斜插入管道内,或在弯头处沿管道轴线插入;或安装一段扩大管,将温度计插入扩大管中。

⑤减小被测介质与热端之间的传热热阻,使两者温度尽量接近。为此,可适当增大被测介质的流速,但气体流速不宜过高,因为高速气流被温度计阻挡时,气体的动能将转化为热能,使测量元件的温度升高。尽量让温度计的插入方向与被测介质的流动方向相反。使用保护套管时,宜在热端与套管壁面间加装传热良好的填充物,如变压器油、铜屑等。保护套管的导热系数不宜太小。测量壁面温度时,壁面与热端之间的接触热阻应尽量小,因此要注意焊接质量或黏合剂的导热系数。

⑥若待测温管道或设备内为负压,插入温度计时应注意密封,以免冷空气漏入引起误差。

⑦测量壁面温度时,若被测壁面材料的导热系数很小,则热电偶的热端与外界的热交换会破坏原壁面的温度分布,使测温点的温度失真。为此可在被测温的壁面固定一个导热性能良好的金属片,将热电偶焊在该金属片上。加装金属片可大大减小壁面与热端之间的热阻,提高测量精度。在测温元件的热端外面加保温层也是提高温量精度的办法。

(3)热电偶测量系统的动态性能引起误差　热电偶测量系统的动态性能可用滞后时间表示。滞后时间愈大,达到稳定输出所需的时间愈长,热电偶的热惰性愈强。为了减小滞后时间,被测介质向感温元件传热的热阻应尽量小,保护套管与热端之间的导热物料和热端本身的热容量也应当尽量小。为此,应尽量减小热电偶丝和保护套管的直径。测量变化较快、信号较强的温度时,动态性能引起的误差是不可忽视的。

(4)仪表的工作误差　尽量减小测量仪表的工作误差。

(5)传输的误差　消除信号传输过程中的误差。使用热电偶时,注意两热电极之间以及它们和大地之间应绝缘良好,否则热电势损耗将直接影响测量结果的准确度,严重时会影响仪表的正常工作。补偿导线和热电偶的搭配、连接应合理;热电偶材料的材质要均匀。

(6)保护套管的材料　根据被测物质的化学性质选用保护套管的材料。金属套管是对测温敏感元件起保护和支撑作用的,不仅要考虑使用温度,更主要的是依据使用环境加以选择:在 1 000 ℃ 以下使用的保护套管常用耐热、抗腐蚀的奥氏体不锈钢;在 600 ℃ 以下可用中碳钢、铜、铝等做套管;在 1 000 ~ 1 200 ℃ 范围内采用钴基高温合金和铁铬钴合金;1 600 ℃ 以上高温套管的材料在氧化性气氛中采用铂、铂铑合金,在还原性气氛、中性气氛和真空中采用难熔金属钼、钽和钨铼;还有一种具有特殊硅化涂层的钼套管,可用于 1 650 ℃ 高温的空气及还原性气氛中。还有其他类型的非金属保护套管。

4.4.4 温度计的校验和标定

热电偶在使用过程中由于热端被氧化、腐蚀和高温下热电偶材料再结晶,热电特性发生变化,而使测量误差越来越大。为了使温度的测量保证一定的精度,热电偶必须定期进行校验,以测出热电势变化的情况。当其变化超出规定的误差范围时,可以更换热电偶丝或把热电偶的低温端剪去一段,焊接后再使用。在使用前必须重新进行校验。

热电偶的校验是一项比较重要的工作,根据国家规定的技术条件,各种热电偶必须在表4-3 规定的温度点进行校验,各温度点的最大误差不能超过允许的误差范围,否则不能应用。

表4-3　常用热电偶校验允许偏差

型号	热电偶材料	校验点/℃	热电偶允许偏差			
			温度/℃	偏差/℃	温度/℃	偏差/%
S	铂铑—铂	600,800,1 000,1 200	0 ~ 600	±2.4	>600	±0.4%
K	镍铬—镍硅(铝)	400,600,800,1 000	0 ~ 400	±4	>400	±0.75%
E	镍铬—铜镍(康铜)	300,400,600	0 ~ 300	±4	>300	±0.1%

热电阻在使用之前要进行校验,使用一定时间后亦需进行校验,以保证其准确性。工作基准或标准热电阻的校验通常要在几个平衡点下进行,如 0 ℃冰、水平衡点等,要求高,方法复杂,设备也复杂,我国有统一的规定。工业用热电阻的检验方法就简单多了,只要 R_0(0 ℃时的电阻值)及 R_{100}/R_0(R_{100} 为 100 ℃时的电阻值)的数值不超过规定的范围即可。

4.5 液位测量技术

液位是表征设备或容器内液体储量多少的量度。液位检测可为保证生产过程的正常进行,如调节物料平衡、掌握物料消耗量、确定产品产量等提供决策依据。

液位计因测量原理等不同而异,种类较多,常见分类有:直读式液位计(玻璃管式液位计、玻璃板式液位计);差压式液位计(压力式液位计、吹气法压力式液位计);浮力式液位计(浮球式液位计、浮标式液位计、浮筒式液位计、磁性翻板式液位计);电气式液位计(电接点式液位计、磁致伸缩式液位计、电容式液位计);超声波式液位计;雷达液位计;放射性液位计。

下面介绍实验室中常用的直读式液位计、差压式液位计、浮力式液位计。

4.5.1 直读式液位计

1. 测量的基本原理

直读式液位计测量的基本原理是利用仪表与被测容器内的气相、液相直接连接来直接读取容器的液位高低。直读式液位计测量简单,读数直观,但不便进行信号的远传,适宜于就地直读液位的测量。直读式液位计的测量原理见图4-24。

利用液相压力平衡原理

$$H_1\rho_1 g = H_2\rho_2 g \tag{4-19}$$

当 $\rho_1 = \rho_2$ 时

$$H_1 = H_2$$

当介质温度高时,ρ_2 不等于 ρ_1,就会出现误差。但由于其简单实用,因此应用广泛,有时也用于自动液位计零位和最高液位的校准。

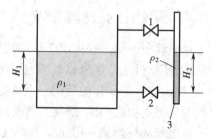

图 4-24 直读式液位计的测量原理
1—气相切断阀 2—液相切断阀 3—玻璃管

2. 玻璃管式液位计

早期的玻璃管式液位计由于结构上的缺点,如玻璃管易碎、长度有限等,只用于开口常压容器。目前玻璃管改用石英玻璃,同时外加了保护金属管,克服了易碎的缺点。此外,石英具有可在高温高压下操作的特点,因此拓宽了玻璃管式液位计的使用范围。利用光线在液体与空气中折射率的不同,用滤色玻璃做成双色玻璃管液位计,气相为红色,液相为绿色,可以方便地读取液位。

现在常用的玻璃管式液位计(外形如图 4-25 所示)上下两端采用法兰与设备连接并带有阀门,上下阀内都装有钢球,当玻璃管因意外事故损坏时,钢球在容器内压力的作用下阻塞通道,这样容器便自动密封,可以防止容器内的液体继续外流。还可以采用蒸汽夹套伴热以防止易冷凝液体堵塞管道。

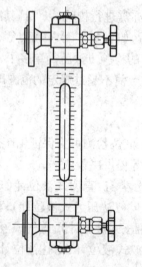

图 4-25 玻璃管式液位
计的外形

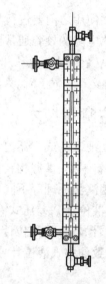

图 4-26 玻璃板式液位
计的外形

3. 玻璃板式液位计

直读式玻璃板液位计前后两侧的玻璃板交错排列,可以克服每段测量存在盲区的缺点。从液位计前面的玻璃板可看到其与后面的玻璃板之间的盲区,反之亦然。常用的直读式玻璃板液位计如图 4-26 所示。

4.5.2　差压式液位计

1. 测量原理

差压法液位测量原理见图4-27。

测得的压差

$$\Delta p = p_2 - p_1 = H\rho g$$

$$H = \frac{\Delta p}{\rho g} \qquad (4\text{-}20)$$

式中　Δp——测得的压差；

ρ——介质密度；

H——液位高度。

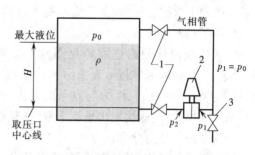

图4-27　差压法液位测量原理
1—切断阀　2—差压仪表　3—气相管排液阀

通常被测液体的密度是已知的，差压变送器测得的压差与液位高度成正比，应用式(4-20)就可以计算出液位高度。

2. 带有正负迁移的差压法液位测量原理

这种方法适用于气相易于冷凝的场合，见图4-28。图中 ρ_1 为气相冷凝液的密度，h_1 为冷凝液的高度。当气相不断冷凝时，冷凝液会自动从气相口溢出，回流到被测容器而保持 h_1 高度不变。当液位在零位时，变送器的负端受到 $h_1\rho_1 g$ 的压力，这个压力必须要加以抵消，这称为负迁移。

负迁移量

$$SR_1 = h_1\rho g$$

若测量液位的起始点为 H_0 处，变送器的正端有 $H_0\rho g$ 的压力要加以抵消，这称为正迁移。

正迁移量

$$SR_0 = H_0\rho g$$

这时变送器的总迁移量为

$$SR = SR_1 - SR_0 = h_1\rho g - H_0\rho g$$

在有正负迁移的情况下仪表的量程为

$$\Delta p = H_1\rho g \qquad (4\text{-}21)$$

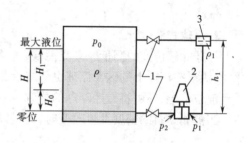

图4-28　带有正负迁移的差压法液位测量原理
1—切断阀　2—差压仪表　3—平衡容器

当被测介质有腐蚀性、易结晶时，可选用带有隔离膜片的双法兰式差压变送器，迁移量及仪表量程的计算仍然可用上面的公式，只是 ρ_1 为毛细管中所充的硅油的密度，h_1 为两个法兰中心高度之差。

4.5.3　浮力式液位计

浮力式液位计是应用最早的一类液位仪表，这类仪表利用物体在液体中浮力的原理实现液位测量。其又分为浮子式(恒浮力)液位计、浮球式(恒浮力)液位计和浮筒式(变浮力)液位计。浮子式液位计工作时，浮子随着液面上下而升降，通过检测浮子位置的变化进行液位测量；浮筒式液位计从零位到最高液位，浮筒全部浸没在液体之中，浮力使浮筒有一

86

个较小的向上位移,通过检测浮筒所受浮力的变化测量液位。

1.浮子式液位计

浮子式液位计的测量原理见图4-29。当液位升高时,浮子上浮,钢丝绳靠指示表中预紧发条的拉力收入表体,以保持浮子的重力、浮力与发条的拉力相平衡,指示表指示出液位值,变送器发出正比于液位的信号。

变送器按构造可分为:

①钢带齿轮机构、电动变送器,其可进行就地液位指示及变送输出4~20 mA的直流信号;

②钢带齿轮机构、带有编码孔的钢带和带有读码装置的变送器,其可进行就地液位指示,变送器输出脉冲信号到二次仪表进行指示。

其主要技术指标为:①测量范围:0~20 m;②精度:1~2 mm。

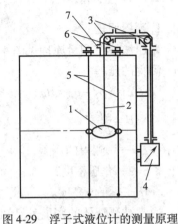

图4-29 浮子式液位计的测量原理
1—浮子 2—钢带 3—导向滑轮装置
4—指示仪表或变送器
5—浮子导向钢索 6—导向钢索牵引螺栓
7—钢带引出法兰

2.浮球式液位计

浮球式液位计的测量原理见图4-30。当容器液位变化时,漂浮在液面上的磁性浮球也随之沿着连杆运动,通过对磁性浮球的位置进行测量即可得到液位信息,还可将磁性浮球的位置信号转换为电信号进行远传和控制。

当被测物料的密度发生改变时,还可以通过改变浮球的配重保证测量的顺利进行。

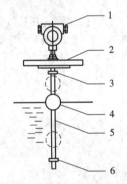

图4-30 浮球式液位计的测量原理
1—指示仪表或变送器 2—连接法兰 3—上限位
4—浮球 5—导向连杆 6—下限位

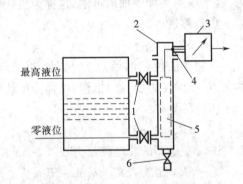

图4-31 浮筒式液位计的测量原理
1—截止阀 2—浮筒体 3—指示仪表或变送器
4—扭力管组件 5—浮筒 6—排放阀

3.浮筒式液位计

浮筒式液位计是基于浮力的原理工作的,其测量原理见图4-31。当液位在零位时,扭力管受到浮筒的重力所产生的扭力矩的作用(这时扭力矩最大),处于"零"度。当液位逐渐上升到最高时,扭力管受到最大的浮力所产生的扭力矩的作用(这时扭力矩最小),转过一个角度 ϕ,变送器将这个转角 ϕ 转换成4~20 mA的直流信号,这个信号正比于被测量液位,从而实现液位的测量。

4. 磁性翻板式液位计

磁性翻板式液位计的结构与安装图见图4-32,与容器相连的浮子室(用非导磁的不锈钢制成)内装带磁钢的浮子,翻板标尺贴着浮子室壁安装。当液位上升或下降时,浮子也随之升降,翻板标尺中的翻板受到浮子内磁钢的吸引而翻转,翻转部分显示为红色,未翻转部分显示为白色,红白分界之处即表示液位所在。

磁性翻板式液位计除了配备指示标尺作就地指示外,还可以配备报警开关和信号远传装置,前者作高低报警用,后者可将液位转换成4~20 mA 的直流信号送到接收仪表。

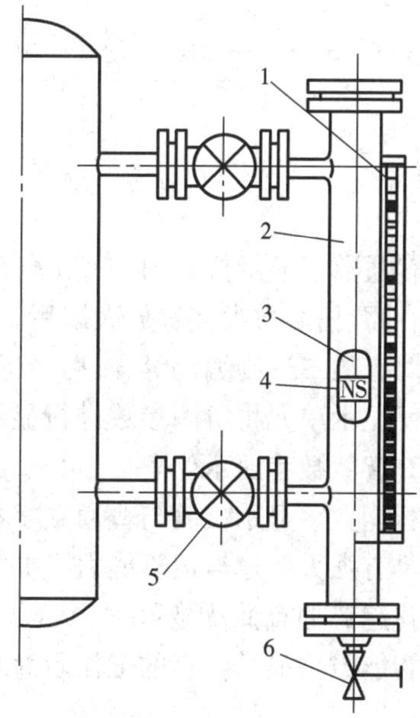

4.6 显示仪表

在化工实验和化工生产过程中,通过测量得到的相关参数需要通过显示仪表准确地显示、记录才能够被操作人员获取,因此,在化工过程参数的测量过程中,显示仪表是必不可少的。

一般来说,显示仪表指与测量仪表配合,接收测量仪表发出的信号,将测量仪表检测到的参数进行

图 4-32 磁性翻板式液位计的结构与安装图
1—翻板标尺 2—浮子室 3—浮子
4—磁钢 5—切断阀 6—排污阀

显示(记录)的仪表。显示仪表按照显示的方式来分类,可以分为模拟式显示仪表、数字式显示仪表和屏幕显示仪表。

4.6.1 模拟式显示仪表

模拟式显示仪表是以仪表指针的线位移或角位移来显示被测参数变化的仪表。模拟式显示仪表使用历史悠久,制造工艺成熟,常用的有自动电子电位差记录仪和自动平衡电桥记录仪等。但由于内部结构限制,其参数显示所需的平衡时间较长,精度较低,易于受到环境干扰,目前的应用已越来越少。

4.6.2 数字式显示仪表

数字式显示仪表是将测量仪表所测的参数以数字形式显示的仪表。随着电子信息技术、数字技术的快速发展,数字式显示仪表的发展非常迅速,应用越来越广泛。数字式显示仪表通过内置的模/数转换模块将连续的模拟信号转换成为间断的数字信号,以数字的形式显示出来,还可以与计算机和其他数字仪表联用。数字式显示仪表克服了模拟式显示仪表的缺点,具有结构简单、性能可靠、价格便宜等优点。数字式显示仪表按照内部结构功能可分为普通数字显示仪表、智能数字显示仪表和无纸记录仪等。

1. 普通数字显示仪表

普通数字显示仪表主要由前置放大、模/数转换、标度变换和数字显示等几部分电路组成,图4-33为普通数字显示仪表的工作示意图。

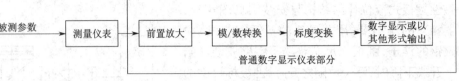

图 4-33　普通数字显示仪表的工作示意

普通数字显示仪表的一般工作原理为:测量仪表发出的模拟信号传递到数字显示仪表中,由前置信号放大装置放大以后,经过模/数转换装置转换成数字信号,如可计数的脉冲信号或对应的二进制编码等,然后经标度变换单元将数字信号转换为被测参数的数值,最后送到数字显示单元将所测参数进行显示。

2. 智能数字显示仪表

智能数字显示仪表与普通数字显示仪表的最大区别在于增加了微处理器芯片(CPU),从而具有强大的逻辑运算能力。如加入存储模块还可以对数据进行保存,实现对历史数据和变化趋势的查询及显示。

智能数字显示仪表的工作示意见图 4-34。

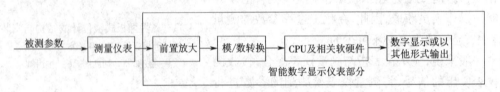

图 4-34　智能数字显示仪表的工作示意

智能数字显示仪表结构简单,可靠性和精度高。由于具有 CPU 模块,智能数字显示仪表可以通过软件实现标度变化和信号的非线性化校正,还可以在仪表上实现不同输入信号、显示形式、数据单位等参数的设定,并且能够实现自动校正、故障自诊断以及与计算机或者其他智能设备间的通信,应用领域越来越广。

3. 无纸记录仪

无纸记录仪是在智能数字显示仪表的基础上发展起来的功能更为强大的一种数字显示仪表。无纸记录仪可以实现多路信号同时采集、显示、记录、存储和追溯,还可以实现与其他数字仪表和计算机间的通信,是计算机技术在显示仪表中的典型应用。

无纸记录仪一般由微处理器(CPU)、时钟电路、模/数转换器、只读存储器(ROM)、随机存储器(RAM)、显示单元和输出通信单元等部分组成。其可以实现多路信号的输入、显示和记录,能将数据以棒图、曲线等多种形式显示,能在自带的触摸液晶屏上操作实现组态、页面调整等多种功能,并能将信号以模拟量、开关量等形式输出,与打印机或上位机进行通信联系,实现打印和信息交换等功能。

4.6.3　屏幕显示仪表

随着计算机技术的发展,屏幕显示仪表的应用也越来越广泛。所谓屏幕显示仪表,即利用计算机的数据存储和计算能力,将测试的相关参数信息显示在计算机的显示屏上的仪表。

屏幕显示仪表主要应用于计算机控制系统中。与传统的模拟、数字显示仪表不同,屏幕显示仪表没有固定的仪表盘,可以按照用户的需求将多组数据、曲线、图形、字符和工艺过程等信息显示在一个或多个显示屏上;还可以通过计算机对所显示的内容进行调整和自定义,具有显示集中高效的特点;还能通过外接键盘、鼠标和触摸屏等设备实现人机对话和其他多种功能。

◆ 本章符号表 ◆ ◆

英文字母

A——管道截面积,m^2;

A_0——节流元件的最小流通截面积,m^2,转子最大截面处环形通道的截面积,m^2;

A_f——转子的最大截面积,m^2;

D——管道直径,m;

d_0——节流元件的最小直径,m;

$e_{AB}(t)$——在温度 t 下两根不同导线 A、B 接点两侧的电势差,V;

E——直流毫伏信号值,mV,测量相对误差,镍铬—铜镍(康铜)热电偶的代号,热电势,V;

$E_{AB}(t_0,t)$——由金属导线 A、B 组成的热电偶在冷、热端温度分别为 t_0、t 时的热电势,V;

f——频率,Hz;

g——重力加速度,m/s^2;

H,h——液位高度,m;

I——电流,A;

K——镍铬—镍硅(铝)热电偶的代号;

k——比例系数;

k_1——流量系数的黏度校正系数;

k_2——流量系数的管壁粗糙度校正系数;

k_3——孔板入口边缘不尖锐度的校正系数;

S——国产铂铑(铑 10%)—铂热电偶的代号;

m——节流孔截面积与管道截面积之比,称为截面比;

M_f——转子质量,kg;

N——转速,r/s;

p——压力,Pa;

Δp——压力差,Pa;

Q——体积流量,m^3/h、m^3/s 或 L/s;

R——电阻,U 形管压差计的读数,管子的内半径;

Re——雷诺数;

Re_D——按管径计算的雷诺数;

T——绝对温度,K;

V_f——转子体积,m^3;

$x_{测}$——某物理量的测量值,测量仪表的读数;

$x_{标}$——标准仪表的读数。

希腊字母

α——流量系数,平均电阻温度系数,$\Omega/℃$;

α_0——原始流量系数;

δ——仪表允许的相对百分误差;

Δ——测量值的绝对误差,仪表正反行程读数的差值;

ε——流量公式的流束膨胀校正系数;

μ——黏度,$Pa \cdot s$;

ξ——涡轮流量计的仪表常数,脉冲数/L;

ρ——流体密度,kg/m^3;

ρ_f——转子密度,kg/m^3。

下标

max——最大值;

min——最小值;

L——液体;

G——气体。

习　题

1. 仪表的基本性能参数有哪些?

2. 使用热电偶温度计时应注意哪些问题?

3. 如何根据工艺的要求选择适宜的测量仪表?

4. 使用节流式流量计应注意哪些问题?

5. 本题附表是孔板流量计标定实验的数据,其中 Δp 是节流式流量计的"读数"。

(1)试画出流量标定曲线。

(2)试求流量系数 α_0。

习题5附表　节流式流量计的标定数据

$\Delta p/kPa$	0.490	0.735	0.98	1.18	1.37	1.57	1.76	1.96	2.45	2.94
$Q \times 10^4/(m^3/s)$	1.06	1.28	1.47	1.68	1.77	1.91	2.00	2.14	2.39	2.57
$\Delta p/kPa$	3.92	4.90	7.37	9.80	14.7	19.6	24.5	29.4	39.2	49.0
$Q \times 10^4/(m^3/s)$	3.03	3.36	4.18	4.70	5.77	6.82	7.60	8.24	9.65	10.6
$\Delta p/kPa$	58.8	68.6	78.4							
$Q \times 10^4/(m^3/s)$	11.8	12.6	13.5							

第5章 化工原理基本实验

5.1 流体流动阻力测定实验

1.实验目的

①熟悉流体流动管路测量系统,了解管路中各个部件、阀门的作用。

②学习用压差传感器测量压差,用流量计测量流量的方法。

③测定流体在光滑直管、粗糙直管中流动时的流动阻力和直管摩擦系数 λ,并确定直管摩擦系数 λ 与雷诺数 Re 和相对粗糙度之间的关系及其变化规律。

④掌握流体流经管件(各种状态的阀门)的局部阻力的测量方法,并求出阻力系数。

⑤掌握对数坐标系的使用方法。

2.实验内容

①测定光滑直管、粗糙直管内流体流动的摩擦阻力、直管摩擦系数 λ 与雷诺数 Re 之间的关系曲线。

②测定流体流经阀门时的局部阻力系数。

3.实验原理

1)直管摩擦系数 λ 与雷诺数 Re 的测定

流体在圆直管内流动时,由于流体的黏性及涡流的影响,会产生摩擦阻力。流体在管内流动阻力的大小与管长、管径、流体流速和摩擦系数有关,它们之间存在如下关系。

$$h_{\mathrm{f}} = \frac{\Delta p_{\mathrm{f}}}{\rho} = \lambda \frac{l}{d} \frac{u^2}{2} \tag{5-1}$$

$$\lambda = \frac{2d \Delta p_{\mathrm{f}}}{\rho l \, u^2} \tag{5-2}$$

$$Re = \frac{du\rho}{\mu} \tag{5-3}$$

式中　d——管径,m;

　　　Δp_{f}——直管阻力引起的压力降,Pa;

　　　l——管长,m;

　　　u——流体的流速,m/s;

　　　ρ——流体的密度,kg/m^3;

　　　μ——流体的黏度,N·s/m^2。

直管摩擦系数 λ 与雷诺数 Re 之间有一定的关系,这个关系一般用曲线来表示。在实验装置中,直管的管长 l 和管径 d 已固定,若水温一定,则水的密度 ρ 和黏度 μ 也是定值。所以本实验实质上是测定直管段流体阻力引起的压力降 Δp_{f} 与流速 u(流量 q_V)之间的关系。

对于等直径的水平直管,两测压点间的压力差 $p_A - p_B$ 和流动阻力引起的压力降 Δp_{f} 在

92

数值上是相等的,即 $\Delta p_f = \rho h_f = p_A - p_B$。压力降 Δp_f 的测量就是利用了这个关系,如图 5-1 所示。但是 Δp_f 和 $p_A - p_B$ 在含义上是不同的。

2)局部阻力系数 ζ 的测定

$$h_f' = \frac{\Delta p_f'}{\rho} = \zeta \frac{u^2}{2} \qquad (5\text{-}4)$$

$$\zeta = \frac{2}{\rho} \frac{\Delta p_f'}{u^2} \qquad (5\text{-}5)$$

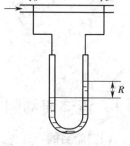

式中　ζ——局部阻力系数;

$\Delta p_f'$——局部阻力引起的压力降,Pa;

h_f'——局部阻力引起的能量损失,J/kg。

图 5-1　水平直管的压降测量

测定局部阻力系数的关键是测出局部阻力引起的压力降 $\Delta p_f'$。$\Delta p_f'$ 的测量是通过测量近点压差 $(p_b - p_{b'})$ 和远点压差 $(p_a - p_{a'})$ 得到的,如图 5-2 所示。

图 5-2　局部阻力测量中测压口的布置

在各处直径相等的直管段上安装待测局部阻力的阀门,在其上、下游开两对测压口 a—a' 和 b—b',使

$$ab = bc; a'b' = b'c'$$

则

$$\Delta p_{f,ab} = \Delta p_{f,bc}, \Delta p_{f,a'b'} = \Delta p_{f,b'c'}$$

在 a—a' 之间列伯努利方程式:

$$p_a - p_{a'} = 2\Delta p_{f,ab} + 2\Delta p_{f,a'b'} + \Delta p_f' \qquad (5\text{-}6)$$

在 b—b' 之间列伯努利方程式:

$$p_b - p_{b'} = \Delta p_{f,bc} + \Delta p_{f,b'c'} + \Delta p_f' = \Delta p_{f,ab} + \Delta p_{f,a'b'} + \Delta p_f' \qquad (5\text{-}7)$$

联立式(5-6)和式(5-7),则

$$\Delta p_f' = 2(p_b - p_{b'}) - (p_a - p_{a'}) \qquad (5\text{-}8)$$

4. 实验装置

实验装置如图 5-3 所示,主要由水箱、离心泵、不同粗糙度的直管、各种阀门和管件、流量计等组成。上面的管为光滑管,中间的管为粗糙管,这两根管分别用于测定光滑管和粗糙管中的流动阻力;下面的管装有待测闸阀,用于局部阻力的测定。

5. 实验步骤

①检查各阀门是否处于正确的启、闭状态,关闭离心泵的出口阀,启动泵。

②在测定实验数据前要加大流量,赶走管路系统中的空气;打开测压管的放空阀,赶走测压系统中的空气。

③选择待测管路,开启管路切换球阀,同时关闭其余各管路的切换球阀。

④用流量调节阀调节所测管路的流量,待流动稳定后,测取流量和压差数据。在流量变化范围内,直管阻力测取 12 ~ 15 组数据,局部阻力测取 3 ~ 5 组数据。

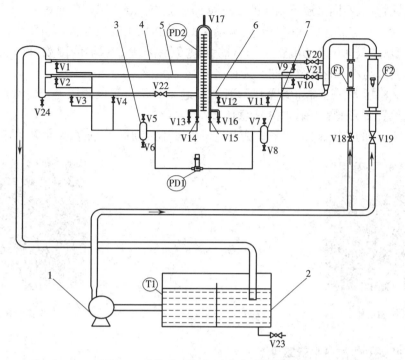

图 5-3　流体流动阻力测定实验装置示意

1—离心泵　2—水箱　3、7—缓冲罐　4—光滑管测量管　5—粗糙管测量管　6—局部阻力测量管

F1、F2—转子流量计　PD1—压差传感器　PD2—倒置 U 形管　T1—测温仪表　V1～V17—测压管路阀门

V18、V19—流量调节阀　V20—光滑管阀　V21—粗糙管阀　V22—局部阻力阀　V23—水箱放水阀　V24—管路放水阀

⑤数据测量完毕后,关闭流量调节阀,关闭水泵,测水温。

6. 注意事项

①启动离心泵之前以及从光滑管阻力测量过渡到其他测量之前,都必须检查所有的流量调节阀是否关闭。

②测量数据时必须关闭所有的平衡阀;用压差传感器测量时,必须关闭通往倒置 U 形管的阀门,防止形成并联管路。

③开关阀门时一定要缓慢,切忌用力过猛、过大。

④每调节一个流量,必须等管路中的水流稳定后才可读数。

7. 实验报告

①将实验数据和数据整理结果列在数据表中,并以其中一组数据为例写出计算过程。

②在合适的坐标系中标绘光滑直管和粗糙直管的 λ—Re 关系曲线,根据光滑直管和粗糙直管的 λ—Re 关系曲线说明粗糙度和雷诺数对摩擦系数的影响。

③根据所标绘的 λ—Re 曲线,求实验条件下滞流区的 λ—Re 关系式,并与理论公式进行比较。

8. 思考题

①圆形直管内及导压管内可否有积存的空气? 如有会有何影响?

②为了使数据点在 λ—Re 曲线上尽可能均匀分布,实验中流量的读数应怎样选取?

③本实验以水为工作介质作出的 λ—Re 曲线对其他流体是否适用? 为什么?

④在不同管径、不同水温下测定的 λ—Re 曲线能否关联在同一条曲线上?

⑤本实验是测定等直径水平直管的流动阻力,若将水平管改为流体自下而上流动的垂直管,测量两取压点间压差的倒置 U 形管的读数 R(或压差变送器的读数)以及 Δp_f 的计算过程和公式是否与水平管完全相同? 为什么?

⑥为什么将压差变送器和倒置 U 形管并联起来测量直管段的压差? 何时用压差变送器? 何时用倒置 U 形管? 操作时要注意什么?

⑦为扩大 Re 的范围,可对设备作哪些改动? 若不改动设备,能否扩大 Re 的范围?

5.1 实验讲解

5.1 操作演示

5.2　离心泵性能测定实验

1. 实验目的

①熟悉离心泵的结构与特性,学会离心泵的操作。

②掌握离心泵特性曲线的测定方法、表示方法,加深对离心泵性能的了解。

③测定离心泵出口阀门开度一定时的管路特性曲线。

④了解离心泵的工作点和流量调节方法。

2. 实验内容

①测定某型号的离心泵在一定转速下 Q(流量)与 H(扬程)、N(轴功率)、η(效率)之间的特性曲线。

②测定离心泵出口阀门在某一开度下的管路特性曲线。

3. 实验原理

1)离心泵特性曲线

离心泵是最常见的液体输送设备。对于一定型号的泵,在一定的转速下,扬程 H、轴功率 N 及效率 η 均随流量 Q 的改变而改变。通常通过实验测出 Q—H、Q—N 及 Q—η 的关系,并用曲线表示,称为特性曲线。特性曲线是确定泵的适宜操作条件和选用泵的重要依据。离心泵特性曲线,具体测定方法如下。

(1)H 的测定　在泵的吸入口和压出口之间列伯努利方程

$$Z_入 + \frac{p_入}{\rho g} + \frac{u_入^2}{2g} + H = Z_出 + \frac{p_出}{\rho g} + \frac{u_出^2}{2g} + H_{f,入—出}$$

$$H = (Z_出 - Z_入) + \frac{p_出 - p_入}{\rho g} + \frac{u_出^2 - u_入^2}{2g} + H_{f,入—出}$$

(5-9)

上式中 $H_{f,入—出}$ 是泵的吸入口和压出口之间管路的流体流动阻力(不包括泵体内部的流动阻力所引起的压头损失),当所选的两截面很靠近泵体时,与伯努利方程中的其他项相比较,$H_{f,入—出}$值很小,可忽略。于是上式变为

$$H = (Z_出 - Z_入) + \frac{p_出 - p_入}{\rho g} + \frac{u_出^2 - u_入^2}{2g} \qquad (5-10)$$

将测得的高差$(Z_出 - Z_入)$、$(p_出 - p_入)$的值以及计算所得的$u_入$、$u_出$代入式(5-10)即可求得H的值。

(2)N的测定 功率表测得的功率为电动机的输入功率。由于泵由电动机直接带动,传动效率可视为1.0,所以电动机的输出功率等于泵的轴功率,即

泵的轴功率N=电动机的输出功率

电动机的输出功率=电动机的输入功率×电动机的效率

泵的轴功率N=功率表的读数×电动机的效率

(3)η的测定

$$\eta = \frac{N_e}{N} \times 100\% \qquad (5-11)$$

$$N_e = \frac{HQ\rho g}{1\ 000} = \frac{HQ\rho}{102} \qquad (5-12)$$

式中　η——泵的效率,%;

　　　N——泵的轴功率,kW;

　　　N_e——泵的有效功率,kW;

　　　H——泵的压头,m;

　　　Q——泵的流量,m^3/s;

　　　ρ——水的密度,kg/m^3。

2)管路特性曲线

离心泵安装在特定的管路系统中工作时,实际的工作压头和流量不仅与离心泵的性能有关,还与管路特性有关。也就是说,在液体输送过程中,泵和管路两者是相互制约的。

管路特性曲线是流体流经管路系统的流量与所需压头之间的关系。若将泵的特性曲线与管路特性曲线绘在同一坐标图上,两曲线的交点即为泵在该管路中的工作点。通过改变阀门开度来改变管路特性曲线,可求出泵的特性曲线。同样,也可通过改变泵的转速来改变泵的特性曲线,从而得到管路特性曲线。该过程是离心泵的流量调节及工作点的移动过程。

具体测定时应固定阀门开度不变(此时管路特性曲线一定),改变泵的转速,测出各转速下的流量以及相应的压力表、真空表读数,算出泵的压头H,作出管路特性曲线。

4. 实验装置

实验装置如图5-4所示,由离心泵、进出口管路、压力表、真空表、流量计和流量调节阀组成测试系统。实验物料为自来水,为节约起见,配置水箱循环使用。为了保证离心泵在启动时灌满液体,排出泵壳内的空气,在泵的进口管路末端安装有止逆单向阀。

5. 实验步骤

①熟悉设备、流程及各仪表的操作。开启灌泵入口阀向离心泵内灌水,尽量排出泵中的空气,排出空气后关闭灌泵入口阀和泵出口的调节阀。

②启动离心泵,打开功率表的开关,开启各测试仪表,并将变频器调至某一位置,如50

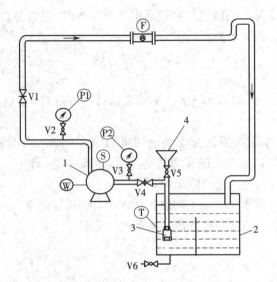

图 5-4　离心泵性能测定实验装置示意

1—离心泵　2—水箱　3—底阀　4—灌泵入口　S—变频器　F—涡轮流量计　W—功率表
P1—压力表　P2—真空表　T—温度计　V1—流量调节阀　V2—出口压力表阀
V3—入口压力表阀　V4—离心泵入口阀　V5—灌泵入口阀　V6—水箱放水阀

Hz,测定泵的特性曲线。用泵出口的阀调节流量,流量从零到最大取 12～15 个点,记录各流量及各流量下压力表、真空表、功率表的读数,并记录水温。

③测定管路特性曲线时,先将流量调节阀固定在某一开度,然后调节离心泵的电机频率(调节范围 20～50 Hz),测取每一频率对应的流量和压力表、真空表、功率表的读数,并记录水温。

④记录全部数据之后,关闭泵出口的调节阀,停泵,关闭总电源。

6. 注意事项

①启动离心泵之前必须检查所有的流量调节阀是否都已关闭。

②开启泵之前一定要灌泵。

③测取数据时应在流量为零至最大值之间合理地分配数据点。

7. 实验报告

①将实验数据和计算结果列在数据表中,并以一组数据为例进行计算。

②在合适的坐标系中标绘离心泵的特性曲线,并在图上标出离心泵的型号、转速和高效区。

③在上述坐标系中画出某一阀门开度下的管路特性曲线,并标出工作点。

④根据实验所得到的三条曲线分析压头、轴功率及效率随流量变化的规律,讨论为什么会出现这样的规律,其对工业生产有什么指导意义。

8. 思考题

①随着泵出口的流量调节阀开度增大,泵的流量增大,入口真空度及出口压力如何变化? 分析原因。

②为了得到较好的实验结果,流量上限应达到最大流量,下限应小到流量为零,并且一定要读取流量为零的实验点的数据,为什么?

③离心泵的流量为什么可以通过出口阀来调节？往复泵的流量是否也可采用同样的方法来调节？为什么？

④实验以水为工作流体,查取相关数据,计算说明可能有"气蚀"现象发生吗？

⑤为什么启动离心泵前要引水灌泵？如果灌水排气后泵仍启动不起来,可能是什么原因？

5.2 实验讲解

5.2 操作演示

5.3　流量计校正实验

1. 实验目的

①了解几种常用流量计的构造、工作原理和主要特点。

②掌握流量计的校正方法。

③了解节流式流量计的流量系数 C 随雷诺数 Re 的变化规律,流量系数 C 的确定方法。

④掌握半对数坐标系的使用方法。

2. 实验内容

①测定节流式流量计(孔板、1/4 圆喷嘴或文丘里)的流量校正曲线。

②测定节流式流量计的流量系数 C 和雷诺数 Re 的关系。

3. 实验原理

本实验是研究压差式流量计的校正。压差式流量计也叫节流式流量计,常用的有孔板流量计、文丘里流量计、喷嘴流量计等。

工业生产中使用的节流式流量计大都是按照标准规范制造和安装使用的,并由制造厂家在标准条件下以水或空气为介质进行标定。但在实际使用中,若温度、压力、介质的性质等条件与标定时不同,或流量计经长时间使用后磨损较大,或自行制造非标准流量计,就需要对流量计进行校正,重新确定其流量系数或校正曲线。

流量计的校正方法有体积法、称重法和标准流量计法等。体积法和称重法是通过对一定时间内排出的流体的体积或质量进行跟踪测量来校正流量计,而标准流量计法是采用一个已被事先校正过且准确度等级较高的流量计作为被校流量计的比较标准。

本实验采用准确度等级较高的涡轮流量计作为标准流量计来校正节流式流量计。

流体通过节流式流量计时在流量计上、下游的两测压口之间产生压强差,它与流量的关系为

$$V_s = CA_0 \sqrt{\frac{2\Delta p}{\rho}}$$

(5-13)

式中　V_s——被测流体(水)的体积流量,m^3/s;

C——流量系数;

A_0——流量计节流孔的截面积,m^2;

Δp——流量计上、下游两测压口之间的压强差,Pa;

ρ——被测流体(水)的密度,kg/m^3。

用涡轮流量计作为标准流量计来测量流量 V_s。每一个流量在压差计上都有一个对应的读数,将压差计的读数 Δp 和流量 V_s 绘制成一条曲线,即流量校正曲线。用式(5-13)整理数据,可进一步得到 C—Re 的关系曲线。

4. 实验装置

实验装置如图5-5所示,主要由离心泵、孔板流量计(或文丘里流量计、喷嘴流量计)、涡轮流量计(准确度等级为0.5级)、转子流量计、流量调节阀等组合而成。水箱中的水由离心泵抽出,通过流量调节阀调节流量后进入测量系统。流体流量小时由转子流量计测量,流量大时由涡轮流量计测量。孔板流量计的压差由压差传感器测量。水经管路循环后返回水箱。

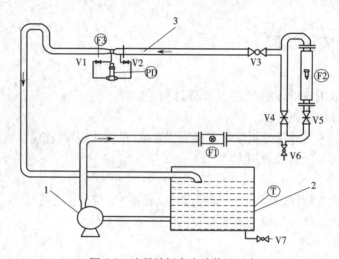

图 5-5 流量计标定实验装置示意

1—离心泵 2—水箱 3—测量管路 F1—涡轮流量计 F2—转子流量计 F3—节流式流量计 PD—压差传感器 T—测温仪表 V1、V2—测压管路阀门 V3—测量管路切断阀 V4、V5—流量调节阀 V6、V7—放水阀

5. 实验步骤

①关闭离心泵出口的调节阀,启动离心泵,待泵运转稳定后逐渐开启流量调节阀,赶净管路和导压管内的气泡。

②关闭 V4,用 V5 调节流量,在转子流量计的量程范围内测取压差和流量数据。

③当流量超过转子流量计的量程时,关闭 V5,打开 V4,用 V4 调节流量,测取压差和流量数据,并记录水温。

④实验结束后关闭流量调节阀,关闭泵的开关,切断电源。

6. 注意事项

①启动离心泵之前必须检查所有的流量调节阀是否都已关闭。

②注意两个调节阀 V4、V5 的开关。

7. 实验报告

①将实验数据和整理结果列在数据表中,并以其中一组数据为例进行计算。

②在合适的坐标系中标绘节流式流量计的流量 V_s 与压差 Δp 的关系曲线(即流量标定曲线)、流量系数 C 与雷诺数 Re 的关系曲线。

8. 思考题

①在什么情况下流量计需要标定? 标定方法有几种? 本实验是用的哪一种?

②在所学过的流量计中,哪些属于节流式流量计? 哪些属于变截面流量计?

5.3 实验讲解

5.3 操作演示

5.4　正交试验法在过滤研究中的应用实验

过滤是利用过滤介质进行液—固混合体系分离的过程,过滤介质通常采用带有许多毛细孔的物质,如滤布、毛织物、多孔陶瓷等。在一定压力差的作用下,含有固体颗粒的悬浮液液体通过过滤介质,固体颗粒被截留在介质表面上,从而使液固两相分离。

1. 实验目的

①掌握恒压过滤常数 K、单位过滤面积虚拟滤液量 q_e 的测定方法,加深对 K、q_e 的概念和影响因素的理解。

②学习滤饼的压缩性指数 s 和物料常数 k 的测定方法。

③学习用正交试验法安排实验,达到最大限度地减小实验工作量的目的。

④学习对正交试验法的结果进行科学的分析,分析出每个因素重要性的大小,指出试验指标随各因素变化的趋势,了解适宜操作条件的确定方法。

2. 实验内容

①设定试验指标、因素和水平。因课时限制,4 个小组合作共同完成一个正交表。故统一规定试验指标为恒压过滤常数 K,设定的因素及水平如表 5-1 所示。假定各因素之间无交互作用。

表 5-1　正交试验的因素和水平

水平＼因素	压强差 Δp/kPa	滤浆浓度 c/%	过滤温度 t/℃
1	30	6	室温
2	40	12	室温 +10
3	50	18	
4	60	24	

②为便于处理实验结果,应统一选择一个合适的正交表。对于本实验,可以选择的正交表有 $L_{16}(4^2 \times 2^9)$、$L_{16}(4^3 \times 2^6)$、$L_{16}(4^4 \times 2^3)$。

③按选定正交表的表头设计填入与各因素和水平对应的数据,使其变成直观的"实验方案"表格。

④分小组进行实验,测定每个实验条件下的 K、q_e。

⑤对试验指标 K 进行极差分析和方差分析;指出各个因素重要性的大小;讨论 K 随其影响因素的变化趋势;以提高过滤速度为目标,确定适宜的操作条件。

3. 实验原理

1)恒压过滤常数 K、q_e、θ_e 的测定方法

在过滤过程中,由于固体颗粒不断地被截留在介质表面上,滤饼厚度增加,液体流过固体颗粒之间的孔道加长,使流体阻力增大,故恒压过滤时过滤速率逐渐下降。随着过滤的进行,若要得到相同的滤液量,则过滤时间增加。

在恒压操作条件下,单位过滤面积的滤液量 $q(=\frac{V}{A})$ 与过滤时间 θ 的关系为

$$q^2 + 2q_e q = K\theta \tag{5-14}$$

式中　q——单位过滤面积所获得的滤液体积,m^3/m^2;

　　　θ——过滤时间,s;

　　　q_e——单位过滤面积所获得的虚拟滤液体积,m^3/m^2;

　　　K——过滤常数,m^2/s。

对式(5-14)进行变换,可得

$$\frac{\theta}{q} = \frac{1}{K}q + \frac{2}{K}q_e \tag{5-15}$$

式(5-14)进行微分,可得

$$\frac{d\theta}{dq} = \frac{2}{K}q + \frac{2}{K}q_e \tag{5-16}$$

通过实验测定不同过滤时间对应的滤液量,并由此算出相应的 q 值。在直角坐标系中绘制 $\frac{\theta}{q}$—q 或 $\frac{d\theta}{dq}$—q 的关系曲线,即可由直线的斜率及截距求得过滤常数 K、q_e(注:当各数据点的时间间隔不大时,$\frac{d\theta}{dq}$ 可用增量之比 $\frac{\Delta\theta}{\Delta q}$ 代替)。

2)压缩性指数 s 和物料常数 k 的测定

过滤常数 K 与物料的性质及过滤压差有关,即

$$K = 2k\Delta p^{1-s} \tag{5-17}$$

其中

$$k = \frac{1}{\mu r' \upsilon} \tag{5-18}$$

k 为物料特性常数,与滤饼的阻力、料浆的浓度及黏度等性质有关;s 为滤饼的压缩性指数,表示滤饼的可压缩性能,s 越大,滤饼越易被压缩。

对式(5-17)两边取对数得

$$\lg K = (1-s)\lg(\Delta p) + \lg(2k) \tag{5-19}$$

在实验压差范围内,若 k 为常数,在对数坐标系上标绘出的 K 与 Δp 的关系曲线应是一条直线,直线的斜率为 $(1-s)$,由此可得滤饼的压缩性指数 s。然后代入式(5-17)求出物料特性常数 k。

4. 实验装置

实验装置如图 5-6 所示。料浆槽内放有配制好的一定浓度的硅藻土料浆(四套设备,四种料浆浓度,体积浓度分别为 6%、12%、18%、24%);料浆靠电加热升温,用固态调压器即时调节电热器的加热电压来控温;用电动搅拌器进行搅拌,使料浆浓度均匀(但不要出现打旋现象);用真空泵使系统产生真空,作为过滤的推动力;过滤介质采用 621 型号的滤布,过滤面积为 0.004 30 m²;过滤产生的滤液在计量瓶内计量。

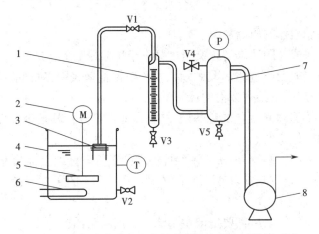

图 5-6　正交试验法在过滤研究中的应用实验装置示意

1—滤液计量瓶　2—搅拌电机　3—过滤器　4—料浆槽　5—搅拌桨　6—加热棒　7—缓冲罐　8—真空泵
P—真空表　T—温度计　V1—切断阀　V2、V3—放液阀　V4、V5—进气调节阀

5. 实验步骤

①每次实验将实验人员分为 4 个小组,每个小组完成正交表中 4 个试验号的试验,4 个小组配合完成一个正交表的全部试验。

②同一料浆槽,先做低温,后做高温。四个料浆槽同一水平的温度应相等。

③每组把低温下的实验数据输入计算机回归过滤常数,回归相关系数大于 0.95 则单组实验合格,否则重新实验。在同一料浆槽内进行的低温实验均合格后才能升温。

④汇总并整理全部实验数据,打印实验数据和结果。

按照上述要求,每个实验的操作步骤如下。

①开动电动搅拌器将料浆槽内的硅藻土料浆搅拌均匀(但不要使料浆出现打旋现象)。将真空吸滤器安装好,放入料浆槽中,注意料浆要浸没吸滤器。

②打开进气阀 V4、V5,关闭切断阀 V1。然后启动真空泵。

③调节进气阀 V4、V5,使真空表读数恒定于指定值,然后打开切断阀 V1 进行抽滤,待计量瓶中的滤液达到零刻线时按表计时,作为恒压过滤零点。记录滤液每增加 40 mm 所用的时间。当计量瓶读数为 280 mm 时停表,并立即关闭切断阀 V1。

④打开进气阀 V4、V5,待真空表读数降到零时停真空泵。打开切断阀 V1,利用系统内的气压将吸附在吸滤器上的滤饼卸到槽内。放出计量瓶内的滤液,并倒回料浆槽。卸下吸

滤器的滤布,清洗待用。

⑤实验结束后切断真空泵、电动搅拌器的电源,清洗真空吸滤器,并使设备复原。

6. 注意事项

①放置过滤器时一定要把它浸没在料浆中,并且要垂直放置,防止气体吸入,以免破坏物料连续进入系统并避免在器内形成厚度不均匀的滤饼。

②开关玻璃旋塞时不要用力过猛,切忌向外拔出,以免损坏。

③每次实验后应该把滤布清洗干净。

④放出计量瓶中的滤液时,要先关闭真空泵的开关;将滤液倒回原槽,以免料浆浓度发生变化。

7. 实验报告

①列出全部过滤操作的原始数据。

②用最小二乘法或作图法求解正交表中某一个试验号的 K、q_e。

③将计算机输出的恒压过滤常数 K 填入实验数据整理表中,对试验指标 K 进行极差分析和方差分析,并写出表中某列数值的计算举例。

④画出 K 随各因素水平变化的趋势图,结合过滤理论分析其是否合理。

⑤确定适宜的操作条件。

⑥在双对数坐标纸上标绘 K—Δp 关系曲线或在直角坐标纸上标绘 $\lg K$—$\lg \Delta p$ 关系曲线,求出滤饼的压缩性指数 s 和物料特性常数 k,分析 s 和 k 的影响因素。

8. 思考题

①为什么每次实验结束后都要把滤饼和滤液倒回料浆槽?

②本实验装置中真空表的读数能否反映实际过滤推动力? 为什么?

③在恒压过滤条件下,过滤速率随过滤时间如何变化? 是否过滤时间越长,生产能力就越大?

5.4 实验讲解   5.4 操作演示   5.4 数据处理

5.5　传热实验

1. 实验目的

①通过对普通套管换热器中空气—水蒸气的传热性能进行研究,掌握对流传热系数 α_i 的测定方法,加深对其理论和影响因素的理解;并应用线性回归分析方法确定普通套管换热器的关联式 $Nu = ARe^m Pr^{0.4}$ 中常数 A、m 的值。

②通过对管程插有螺旋线圈的强化套管换热器中空气—水蒸气的传热性能进行研究,

测定对流传热系数 α_i,准数关联式 $Nu = BRe^m$ 中常数 B、m 的值和强化比 Nu/Nu_0,了解强化传热的基本理论和基本方式。

③分别测定不同空气流速下两个套管换热器的管内压力降 Δp_f,研究套管换热器的管内压力降 Δp_f 和 Nu 之间的关系,了解强化传热和阻力损失之间的关系。

④熟悉热电偶温度计和热电阻温度计的测量原理和使用方法。

2. 实验内容

①测定 5～6 个不同空气流速下简单套管换热器的对流传热系数 α_i,对 α_i 的实验数据进行线性回归,求关联式 $Nu = ARe^mPr^{0.4}$ 中常数 A、m 的值。

②测定 5～6 个不同空气流速下强化套管换热器的对流传热系数 α_i,对 α_i 的实验数据进行线性回归,求关联式 $Nu = BRe^m$ 中常数 B、m 的值,并求同一流量或 Re 的强化比 Nu/Nu_0。

③测定不同空气流速下两个套管换热器的管内压降 Δp_f,比较两个换热器的 Δp_f 和 Nu 的关系。

3. 实验原理

1) 对流传热系数 α_i 的测定

对流传热系数 α_i 可以根据牛顿冷却定律通过实验测定,即

$$\alpha_i = \frac{Q_i}{\Delta t_{mi} \times S_i} \tag{5-20}$$

式中　α_i——管内流体对流传热系数,$\mathrm{W/(m^2 \cdot ℃)}$;

　　　Q_i——管内传热速率,W;

　　　S_i——管内换热面积,$\mathrm{m^2}$;

　　　Δt_{mi}——管内壁面与管内流体空气的平均温差,℃。

平均温差由下式确定:

$$\Delta t_{mi} = t_w - \frac{t_{i1} + t_{i2}}{2} \tag{5-21}$$

式中　t_{i1},t_{i2}——冷流体空气的入口、出口温度,℃;

　　　t_w——壁面平均温度,℃。

因为传热管为紫铜管,其导热系数很大,管壁又薄,故认为内壁温度、外壁温度和壁面平均温度近似相等,用 t_w 来表示。

管内换热面积

$$S_i = \pi d_i L_i \tag{5-22}$$

式中　d_i——传热管内径,m;

　　　L_i——传热管测量段的实际长度,m。

由热量衡算式

$$Q_i = W_i c_{pi}(t_{i2} - t_{i1}) \tag{5-23}$$

其中质量流量由下式求得:

$$W_i = \frac{V_i \rho_i}{3\,600} \tag{5-24}$$

式中　V_i——冷流体在套管内的平均体积流量,$\mathrm{m^3/h}$;

c_{pi}——冷流体的定压比热容,kJ/(kg·℃);

ρ_i——冷流体的密度,kg/m³。

c_{pi} 和 ρ_i 可根据定性温度 t_m 查得,$t_m = \dfrac{t_{i1} + t_{i2}}{2}$ 为冷流体的进、出口平均温度。

2)对流传热系数准数关联式的实验确定

流体在管内强制湍流时处于被加热状态,准数关联式的形式为

$$Nu_i = ARe_i^m Pr_i^n。 \tag{5-25}$$

其中:$Nu_i = \dfrac{\alpha_i d_i}{\lambda_i}$,$Re_i = \dfrac{u_i d_i \rho_i}{\mu_i}$,$Pr_i = \dfrac{c_{pi} \mu_i}{\lambda_i}$

物性数据 λ_i、c_{pi}、ρ_i、μ_i 可根据定性温度 t_m 查得。经过计算可知,对于管内被加热的空气,普兰特准数 Pr_i 变化不大,可以认为是常数,则关联式可简化为

$$Nu_i = ARe_i^m Pr_i^{0.4} \tag{5-26}$$

这样通过实验确定不同流量下的 Re_i 与 Nu_i,然后用线性回归方法确定 A 和 m 的值。

3)强化比的确定

强化传热能减小传热面积,以减小换热器的体积和重量,提高现有换热器的换热能力,使换热器能在较小温差下工作。

强化传热的方法有多种,本实验装置是采用在换热器管程插入螺旋线圈的方法来强化传热的。螺旋线圈强化管的结构如图5-7所示,螺旋线圈由直径1 mm的钢丝按一定节距绕成。将金属螺旋线圈插入并固定在管内,流体一面由于螺旋线圈的作用而旋转,一面还周期性地受到线圈的螺旋金属丝的扰动,因而可以使传热强化。由于绕制线圈的金属丝很细,流体旋流强度也较弱,所以阻力较小,有利于节省能量。螺旋线圈以线圈节距 H 与

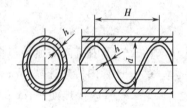

图5-7 螺旋线圈强化管的内部结构

管内径 d 的比值为技术参数,节距与管内径之比是影响传热效果和阻力系数的重要因素。科学家通过实验研究总结出了形式为 $Nu = BRe^m$ 的经验公式,其中 B 和 m 的值因螺旋金属丝尺寸不同而不同。在本实验中,测定不同流量下的 Re_i 与 Nu_i,用线性回归方法可确定 B 和 m 的值。

单纯研究强化效果(不考虑阻力的影响),可以用强化比作为评判准则,它的形式是 Nu/Nu_0,其中 Nu 是强化管的努塞尔数,Nu_0 是普通管的努塞尔数,显然,强化比 $Nu/Nu_0 > 1$,它的值越大,强化效果越好。需要说明的是,如果评判强化方式的真正效果和经济效益,则必须考虑阻力因素,强化比较高且压力降较小的强化方式才是最佳的强化方式。

4. 实验装置

实验装置如图5-8所示,实验装置的主体是两个平行的套管换热器,内管为紫铜管,外管为不锈钢管,两端用不锈钢法兰固定,其中一个套管换热器内管插有螺旋线圈。实验的蒸汽发生器为电加热釜,内有2根2.5 kW的螺旋形电加热器,加热电压为200 V(可由固态调压器调节)。

空气由旋涡气泵输送,由旁路调节阀调节,经孔板流量计由支路控制阀选择不同的支路进入换热器内管。蒸汽由加热釜发生后自然上升,经支路控制阀选择不同的支路进入换热

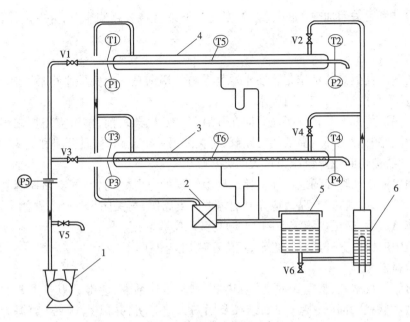

图 5-8 传热实验装置示意

1—旋涡气泵 2—散热器 3—强化套管换热器 4—普通套管换热器 5—水箱 6—蒸汽发生器
T1、T2、T3、T4、T5、T6—温度计 P1、P2、P3、P4—压力表 P5—孔板压差计
V1、V3—空气支路控制阀 V2、V4—蒸汽支路控制阀 V5—旁路调节阀 V6—放液阀

器外管,多余的蒸汽经过风冷换热器冷凝回流至水箱,空气和蒸汽逆流换热。

空气流量采用孔板流量计测量,孔板流量计为标准设计,其流量计算式为

$$V_{t_0} = C_0 \times A_0 \times \sqrt{\frac{2 \times \Delta p}{\rho}} \qquad (5\text{-}27)$$

式中 C_0——流量计的流量系数,$C_0 = 0.65$;

A_0——节流孔开孔面积,$A_0 = \frac{\pi}{4} d_0^2$,$m^2$;

d_0——节流孔开孔直径,$d_0 = 0.017$ m;

Δp——节流孔上下游两侧压力差,Pa;

ρ——t_0 下孔板流量计处空气的密度,kg/m^3。

5. 实验步骤

①将水箱的水位加至槽高的 2/3,关闭上水阀。

②通过支路控制阀选择开通某一个换热器(普通套管换热器、强化套管换热器)。接通总电源,启动电加热器,设定加热电压,开始加热。

③水沸腾后水蒸气进入套管换热器的壳程,当壁面温度上升至接近 100 ℃时,把旋涡气泵的旁路阀门全打开,然后启动旋涡气泵。

④调节旁路阀的开度来调节空气流量,当出口温度基本稳定后,读取空气流量、进出口温度、壁温、管内流体压降 Δp_f。改变空气流量,测取 5 ~ 6 个空气流量下的实验数据。

⑤转换至与②不同的支路,重复步骤④,进行强化套管或普通套管换热器的实验,测定 5 ~ 6 组实验数据。

⑥实验结束后关闭加热器的开关,当温度降下来后将旁路阀全开,并关闭旋涡气泵,关闭总电源。

6. 注意事项

①检查蒸汽发生器的水位是否在正常范围内。特别是一个实验结束后,进行下一个实验前,如果发现水位过低,应及时补水。

②必须保证蒸汽上升管线畅通。即在开启蒸汽发生器之前,蒸汽支路控制阀之一必须全开。转换支路时应先开启需要的支路阀,再关闭另一个支路阀,且开启和关闭控制阀必须缓慢,防止管线被切断或蒸汽压力过大而突然喷出。

③必须保证空气管线畅通。即在接通旋涡气泵的电源之前,空气支路控制阀之一和旁路调节阀必须全开。转换支路时应先开启需要的支路阀,再关闭另一个支路阀。

④调节流量后,应至少稳定 5 ~ 10 min 再读取实验数据。

⑤实验中应保持上升蒸汽量稳定,不应改变加热电压。

7. 实验报告

①列出原始数据表、整理数据表(换热量、对流传热系数、各准数以及重要的中间计算结果)、准数关联式的回归过程、回归结果及回归方差分析,并以其中一组数据为例进行计算。

②在同一个对数坐标系中绘制普通套管换热器和强化套管换热器的 $Nu—Re$ 关系图,计算强化比,分析两个换热器的 Nu 随 Re 的变化情况。

③在同一个坐标系中绘制普通套管换热器和强化套管换热器的 $\Delta p_f—Nu$ 关系图,$\Delta p_f—Nu$ 曲线说明了什么?

④比较实验得到的普通套管换热器的关联式与 $Nu = 0.023Re^{0.8}Pr^{0.4}$,分析实验中存在的误差。

⑤分析该传热过程的总传热系数 K 与对流传热系数 α_i 的关系,明确其控制步骤,提出强化传热的途径。

8. 思考题

①观察实验设备中的两个套管换热器有何不同。哪个对流传热系数大?为什么?(注意要在空气流量相同的前提下比较)

②传热管内壁温度、外壁温度和壁面平均温度近似相等,为什么?

③若其他条件不变,管内介质速度增大,其出口温度将如何变化?为什么?

④若想求出准数关联式 $Nu_i = ARe_i^m Pr_i^n$ 中 A、m、n 的值,应如何设计实验?

5.5 实验讲解

5.5 操作演示

5.6 板式精馏塔操作和塔板效率测定实验

1. 实验目的

①了解板式塔的基本构造,精馏的设备流程及各个部分的作用,观察精馏塔工作时塔板上的水力状况。

②学会识别精馏塔内的几种操作状态,并分析这些操作状态对塔性能的影响。

③测定全回流及部分回流操作时的全塔效率,掌握回流比对精馏塔效率的影响。

2. 实验内容

①研究开车过程中,精馏塔在全回流条件下,塔顶温度等参数随时间变化的情况。

②测定精馏塔在全回流、稳定操作条件下,塔内温度和浓度沿塔高的分布。

③测定精馏塔在全回流和某一回流比下连续稳定操作的全塔理论塔板数、总板效率。

3. 实验原理

1)全塔效率的测定

在板式精馏塔中,塔板是气、液两相接触的场所。通过塔底的再沸器对塔釜液体加热使之沸腾汽化,上升的蒸气穿过塔板上的孔道和板上的液体接触进行传热、传质。塔顶的蒸气经冷凝器冷凝后,部分作为塔顶产品,部分回流至塔内,这部分液体自上而下经过降液管流至下层塔板口,再横向流过整个塔板,经另一侧的降液管流下。气、液两相在塔内呈逆流,在板上呈错流。评价塔板好坏一般考虑处理量、板效率、阻力降、操作弹性和结构等因素。工业上常用的塔板有筛板、浮阀塔板、泡罩塔板等。

塔板效率是反映塔板性能及操作好坏的主要指标,影响塔板效率的因素很多,如塔板结构、气液相流量和接触状况以及物性等。表示塔板效率常用单板效率(默弗里效率)和全塔效率(总板效率)。单板效率是评价塔板好坏的重要数据,对于不同板型,在实验时保持相同的体系和操作条件,对比它们的单板效率就可以确定其优劣,因此在科研中常常运用。全塔效率在设计中应用很广泛,一般通过实验测定。下面介绍全塔效率的测定。

全塔效率 E_T 的定义:在板式精馏塔中,达到一定分离效果所需理论板数与实际板数的比值为全塔效率 E_T,即

$$E_T = \frac{N_T}{N_P} \tag{5-28}$$

式中 N_T——塔所需理论板数(不含塔釜);

N_P——塔的实际板数。

在全回流条件下,只要测得塔顶馏出液组成 x_D 和釜液组成 x_W,即可根据双组分物系的相平衡关系在 y—x 图上通过图解法求得理论板数 N_T;塔的实际板数已知,根据式 (5-28)可求得 E_T。

在部分回流条件下,通过实验测得塔顶馏出液组成 x_D、釜液组成 x_W、进料组成 x_F、进料温度 t_F 等,在 y—x 图上确定出精馏段操作线、q 线及提馏段操作线,采用图解法求得理论板数 N_T。

精馏段操作线方程:

$$y_{n+1} = \frac{R}{R+1}x_n + \frac{x_D}{R+1} \tag{5-29}$$

q 线方程：

$$y = \frac{q}{q-1}x - \frac{x_F}{q-1} \qquad (5-30)$$

$$q = 1 + \frac{c_{pm}(t_s - t_F)}{r_F} \qquad (5-31)$$

$$c_{pm} = c_{p1}M_1x_1 + c_{p2}M_2x_2 \qquad (5-32)$$

$$r_F = r_1M_1x_1 + r_2M_2x_2 \qquad (5-33)$$

式中 t_F——进料温度，℃。

t_s——进料液体的泡点温度，℃。

c_{pm}——进料液体在平均温度$(t_s + t_F)/2$下的比热容，kJ/(kmol·℃)。

c_{p1}, c_{p2}——分别为纯组分 1 和纯组分 2 在平均温度下的比热容，kJ/(kg·℃)。

r_1, r_2——分别为纯组分 1 和纯组分 2 在泡点温度下的汽化热，kJ/kg。

M_1, M_2——分别为纯组分 1 和纯组分 2 的摩尔质量，kg/kmol。

x_1, x_2——分别为纯组分 1 和纯组分 2 在进料中的摩尔分数。

2)精馏塔的操作

①精馏塔要保持稳定高效操作，必须从下到上建立起与给定操作条件对应的逐板增大的浓度梯度和逐板减小的温度梯度。因此在操作开始时要设法尽快建立这个梯度，操作正常后要努力维持这个梯度。当需要调整操作参数时，要采取一些渐变措施，让全塔的浓度梯度和温度梯度按需要渐变而不混乱。因此精馏塔开车时通常采用全回流操作，待塔内情况基本稳定后再逐渐增大进料量，逐渐减小回流比，同时逐渐增大塔顶、塔底产品流量。

②精馏塔操作时，若精馏段的高度不能改变，则在影响塔顶产品质量的诸多因素中，影响最大而且最容易调节的是回流比。所以若要提高塔顶产品中易挥发组分的组成，常用增大回流比的办法。在提馏段的高度不能改变的条件下，若要提高塔底产品中难挥发组分的组成，最简便的办法是增大再沸器上升蒸汽的流量与塔底产品的流量之比。由此可见，在精馏塔的操作中，对产品组成和产量的要求必须统筹兼顾。一般是在保证产品组成满足要求以及稳定操作的前提下，尽可能提高产量。

③塔顶冷凝器的操作状态是在精馏塔的操作中需要特别注意的问题。开工时先向冷凝器中通冷却水，然后对再沸器进行加热。停工时先停止对再沸器进行加热，再停止向冷凝器通冷却水。在正常操作过程中，要防止冷却水突然中断，并考虑事故发生后如何紧急处理，目的是避免塔内的物料蒸气外逸，造成环境污染、火灾。此外，塔顶冷凝器的冷却水流量不宜过大，控制到使物料蒸气全部冷凝为宜。其目的一是节约用水，二是避免塔顶回流液的温度过低，造成实际的回流比偏离设计值或测量值。

④精馏塔操作的稳定性。因为精馏操作中存在气液两相流动，还存在热交换和相变化，所以精馏操作中传质过程是否稳定既与塔内的流体流动过程是否稳定有关，还与塔内的传热过程是否稳定有关。因此精馏操作稳定的必要条件是：进出系统的物料维持平衡且稳定；回流比稳定；再沸器的加热蒸汽或加热电压稳定；塔顶冷凝器的冷却水流量和温度稳定；进料的热状态稳定；塔系统与环境之间的散热情况稳定。

判断精馏操作是否稳定，通常是观测塔顶温度或灵敏板温度是否稳定。

⑤灵敏板温度。在精馏塔中，当操作压力一定时，塔顶、塔底产品组成和塔内各板上的

气液相组成与板上温度存在一定的对应关系。因此操作过程中塔顶、塔底产品组成的变化情况可以通过相应的温度反映出来。但有些物系,如乙醇—水系统,在塔顶产品组成较高时,对于塔内操作状况和塔顶产品组成的变化,塔顶温度的反应很不灵敏,这一点可由乙醇—水物系的 t—x—y 图和 y—x 图得到解释(图5-9)。在 t—x—y 图上,饱和液体和饱和蒸气线的斜率 $\dfrac{\mathrm{d}t}{\mathrm{d}x}$ 都很小,每一块理论板的组成变化也很小。显然,对于这样的系统,在对过程的稳定性要求比较高时,以塔顶温度计的读数作为操作是否稳定的判据是不妥当的。因此,监视过程稳定性用的温度计宜安装在 t—x—y 图上饱和液体和饱和蒸汽线的斜率 $\dfrac{\mathrm{d}t}{\mathrm{d}x}$ 较大,或 y—x 图上平衡线与操作线偏离较大的地方,即灵敏板处。在操作过程中,通过灵敏板温度的早期变化可以预测塔顶、塔底产品组成的变化趋势,从而及早采取有效的调节措施,纠正不正常的操作,保证产品质量。

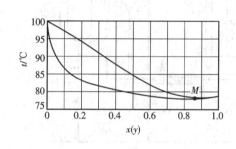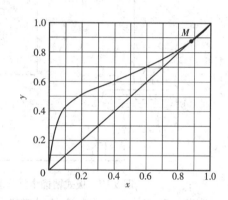

图5-9　乙醇—水的 t—x—y 图和 y—x 图

4. 实验装置

实验装置如图5-10所示。精馏塔为筛板塔,全塔共有10块塔板,由不锈钢板制成。塔身由内径为50 mm的不锈钢管制成,第二段和第九段采用耐热玻璃材质,便于观察塔内的气液相流动状况。降液管由外径为8 mm的不锈钢管制成,筛孔直径为2 mm。塔内装有多个铂电阻温度计,用来测定塔内不同位置的气相温度。混合液体(乙醇—正丙醇物系)由储料罐经进料泵送入高位槽,由流量计计量后从某一进料口进入塔内。塔顶蒸气和塔底产品在管外冷凝并冷却,管内通冷却水。塔釜蒸气是通过电加热产生的,塔釜装有液位计,用于观察釜内的存液量。回流比控制器是采用电磁铁吸合摆针的方式来实现调控的。

5. 实验步骤

①实验前的准备工作。将阿贝折光仪配套的超级恒温水浴调整到运行所需的温度(30 ℃),并记下这个温度。将取样用的注射器和擦镜头纸准备好。配制一定浓度的乙醇—正丙醇混合液,然后加到进料槽中至容积的2/3。

②全回流操作。向塔顶冷凝器通入冷却水,接通塔釜加热器的电源,设定加热功率进行加热。当塔釜中的液体开始沸腾时,注意观察塔内的气液接触状况;当塔顶有液体回流后,适当调整加热功率,使塔内维持正常的操作状态。进行全回流操作至塔顶温度保持恒定5 min后,在塔顶和塔釜分别取样,用阿贝折光仪测量样品浓度。

③部分回流操作。打开塔釜冷却水,冷却水的流量以保证塔釜馏出液温度接近室温为

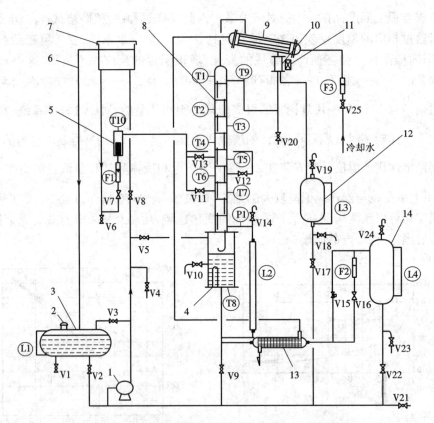

图 5-10　板式精馏塔操作和塔板效率测定实验装置示意

1—进料泵　2—加料口　3—储料罐　4—加热器　5—进料预热器　6—溢流管　7—高位槽　8—精馏塔

9—冷凝器　10—冷凝液观测段　11—回流比线圈　12—塔顶采出罐　13—塔底冷却器　14—塔釜储料罐

F1～F3—流量计　P1—塔釜压力表　T1～T10—温度计　L1～L4—液位计　V1～V25—阀门

准。调节进料泵的转速,以 1.5～2.0 L/h 的流量向塔内加料。用回流比控制调节器调节回流比 $R=4$,馏出液收集在塔顶采出罐中;塔釜产品经冷却后由溢流管流出,收集在塔釜储料罐中。等操作稳定后,观察板上的传质状况,记下加热电压、电流,塔顶温度等有关数据,整个操作中维持进料流量计读数不变,在塔顶、塔釜和进料口三个取样点取样,用阿贝折光仪分析,并记录进料温度,根据物系的 $t—x—y$ 关系确定部分回流下进料的泡点温度。

④检查数据合理后结束实验,停止加热,待塔釜温度降至室温后关闭冷却水,将一切复原,并打扫实验室卫生,将实验室的水电切断后方能离开实验室。

6. 注意事项

①由于实验所用物质属易燃物品,所以实验中要特别注意安全,操作过程中避免洒落,以免发生危险。

②在实验操作过程中,塔顶放空阀一定要打开。

③塔釜液位一定要在塔釜高度的 2/3～3/4 处,塔釜液位过低会使电加热器露出,干烧致坏。

④本实验设备的加热功率由仪表自动调节,加热升温要缓慢,以免发生爆沸(过冷沸腾),使釜液从塔顶冲出。若出现此现象应立即断电,重新操作。升温和正常操作过程中塔

釜加热器的电功率不能过大。

⑤开车时要先接通冷却水,再向塔釜供热;停车时操作反之。

⑥使用阿贝折光仪读取折光指数时,一定要同时记录测量温度,并按给定的折光指数—质量百分组成—测量温度的关系确定相关数据。

⑦为便于对全回流和部分回流的实验结果(塔顶产品质量)进行比较,应尽量使两组实验的加热电压及所用料液组成相同或相近。连续实验时,应将前一次实验留存在塔釜、塔顶、塔底产品接收器内的料液倒回原料液储罐中。

7. 实验报告

①作出全回流条件下塔顶温度随时间变化的曲线。

②作出全回流、稳定操作条件下,塔内的温度和浓度沿塔高分布的曲线。

③计算出全回流和部分回流操作条件下的理论板数、总板效率,分析回流比对精馏过程的影响。

8. 思考题

①影响精馏塔操作稳定性的因素有哪些?如何判断精馏塔内的气液已达稳定?

②在全回流条件下总板效率是否等于塔内某块板的单板效率?如何测量某块塔板的单板效率?

③在全回流、稳定操作条件下塔内温度沿塔高如何分布?何以造成这样的温度分布?

④在工程实际中何时采用全回流操作?

⑤进料状态对精馏塔的操作有何影响?q 线方程如何确定?

5.6 实验讲解

5.6 操作演示

5.7 填料塔流体力学性能和吸收传质系数测定实验

1. 实验目的

①了解填料吸收塔的基本流程及设备结构,并练习操作。

②在一定液体喷淋量下,观察不同空塔气速时填料塔的流体力学状态,测定气体通过填料层的压降与气速的关系曲线,确定填料塔的液泛速度。

③掌握以 ΔY(或 ΔX)为推动力的吸收总传质系数 $K_Y a$(或 $K_X a$)的测定方法,测定气速或液速对总传质系数的影响。

2. 实验内容

①选择几个液相流量,在每一个液相流量下测定塔压降与空塔气速的关系,确定液泛气速。

②固定液相流量和入塔混合气氨的浓度,在液泛速度以下取两个相差较大的气相流量,分

112

别测取塔的传质能力(传质单元数和回收率)和传质效率(传质单元高度和总体积吸收系数)。

③固定气相流量和入塔混合气 CO_2 的浓度,在液泛速度以下取两个相差较大的液相流量,分别测取塔的传质能力(传质单元数和回收率)和传质效率(传质单元高度和总体积吸收系数)。

3. 实验原理

1)填料塔的流体力学特性

填料塔是一种气液传质设备。填料的作用主要是增大气液两相的接触面积,气体通过填料层时由于局部阻力和摩擦阻力而产生压力降。填料塔的流体力学特性包括压力降和液泛规律。正确确定流体通过填料层的压降对计算流体通过填料层所需的动力十分重要;掌握液泛规律,确定填料塔的适宜操作范围,选择适宜的气液负荷,对于填料塔的操作和设计更是一项非常重要的内容。

填料层的压降与液体喷淋量及气速有关,在一定的气速下,液体喷淋量越大,压降越大;在一定的液体喷淋量下,气速越大,压降也越大。将不同液体喷淋量下单位填料层高度的压降 $\Delta p/Z$ 与空塔气速 u 的关系标绘在对数坐标纸上,可得到如图 5-11 所示的曲线簇。图中直线 0 表示无液体喷淋时干填料的 $\Delta p/Z$—u 关系,称为干填料压降线;曲线 1、2、3 表示不同液体喷淋量下填料层的 $\Delta p/Z$—u 关系,称为填料操作压降线。

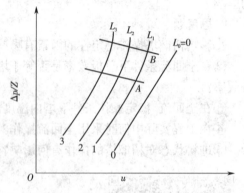

图 5-11 填料层的 $\Delta p/Z$—u 关系曲线

从图 5-11 可看出,在一定的液体喷淋量下,压降随空塔气速变化的曲线大致分为三段。当气速低于 A 点时,气体流动对液膜的曳力很小,液体流动不受气流的影响,填料表面上覆盖的液膜厚度基本不变,因而填料层的持液量不变,该区域称为恒持液量区。此时 $\Delta p/Z$—u 为一条直线,位于干填料压降线的左侧,基本与干填料压降线平行。当气速超过 A 点时,气体流动对液膜的曳力较大,对液体流动产生阻滞作用,使液膜增厚,填料层的持液量随气速增大而增加,此现象称为拦液。开始发生拦液现象的空塔气速称为载点气速,曲线上的转折点 A 称为载点。若气速继续增大到 B 点,由于液体不能顺利向下流动,填料层的持液量不断增加,填料层内几乎充满液体,气速增大很小便会引起压降剧增,此现象称为液泛。开始发生液泛现象的气速称为泛点气速,曲线上的 B 点称为泛点。从载点到泛点的区域称为载液区,泛点以上的区域称为液泛区。当空塔气速超过泛点气速时将发生液泛现象,此时液相充满塔内,液相由分散相变为连续相;气相以气泡的形式通过液层,由连续相变为分散相。在液泛状态下,气流出现脉动,液体被大量带出塔顶,塔的操作极不稳定,甚至会被破坏。填料塔在操作中应避免液泛现象的发生。

本实验通过测定干填料以及不同液体喷淋量下的压降与空塔气速,了解填料塔的压降与空塔气速的关系以及不同液体流量下的液泛点。

2)吸收传质系数

反映填料吸收塔性能的主要参数之一是传质系数。影响传质系数的因素很多,对不同系统和不同吸收设备,传质系数各不相同,所以不可能有一个通用的计算式。工程上往往利用现有同类型的生产设备或中试规模的设备进行传质系数的实验测定,作为放大设计的依据。

(1)易溶气体的吸收(氨吸收) 本实验所用气体混合物中氨的含量很低(摩尔比为0.02),所得吸收液中氨的含量也不高。可认为气液平衡关系服从亨利定律,用方程式 $Y^* = mX$ 表示。因是常压操作,相平衡常数 m 仅是温度的函数。

$$K_Y a = \frac{q_{n,V}}{H_{OG}\Omega} \tag{5-34}$$

$$H_{OG} = \frac{Z}{N_{OG}} \tag{5-35}$$

$$N_{OG} = \frac{Y_1 - Y_2}{\Delta Y_m} \tag{5-36}$$

$$\Delta Y_m = \frac{\Delta Y_1 - \Delta Y_2}{\ln \dfrac{\Delta Y_1}{\Delta Y_2}} \tag{5-37}$$

$$\Delta Y_1 = Y_1 - mX_1, \Delta Y_2 = Y_2 - mX_2 \tag{5-38}$$

式中　$K_Y a$——气相总体积吸收系数,$kmol/(m^3 \cdot h)$;

　　　H_{OG}——气相总传质单元高度,m;

　　　N_{OG}——气相总传质单元数;

　　　$q_{n,V}$——单位时间通过吸收塔的惰性气体量,$kmol(B)/h$;

　　　Z——填料层的高度,m;

　　　Ω——填料塔的截面积,$\Omega = \dfrac{\pi}{4}D^2$,$m^2$;

　　　Y_1,Y_2——进塔、出塔气体中溶质组分的摩尔比,$kmol(A)/kmol(B)$;

　　　ΔY_m——所测填料层两端面上气相推动力的平均值,$kmol(A)/kmol(B)$;

　　　$\Delta Y_2,\Delta Y_1$——分别为填料层上、下两端面上的气相推动力,$kmol(A)/kmol(B)$;

　　　m——相平衡常数。

用水吸收氨的体系中 $X_2 = 0$(清水进入塔中),实验测出气相进塔、出塔时氨的含量以及液相出塔时氨的含量,利用上面几个式子可以计算出总体积吸收系数。

(2)难溶气体的吸收(二氧化碳吸收)

$$K_X a = \frac{q_{n,L}}{H_{OL}\Omega} \tag{5-39}$$

$$H_{OL} = \frac{Z}{N_{OL}} \tag{5-40}$$

$$N_{OL} = \frac{X_1 - X_2}{\Delta X_m} \tag{5-41}$$

$$\Delta X_m = \frac{\Delta X_1 - \Delta X_2}{\ln \dfrac{\Delta X_1}{\Delta X_2}} \tag{5-42}$$

$$\Delta X_1 = \frac{Y_1}{m} - X_1, \Delta X_2 = \frac{Y_2}{m} - X_2 \tag{5-43}$$

式中　$K_X a$——液相总体积吸收系数,$kmol/(m^3 \cdot h)$;

　　　H_{OL}——液相总传质单元高度,m;

N_{OL}——液相总传质单元数;

$q_{n,L}$——单位时间通过吸收塔的溶剂量,kmol(S)/h;

Z——填料层的高度,m;

Ω——填料塔的截面积,$\Omega = \dfrac{\pi}{4}D^2$,m²;

X_1,X_2——进塔、出塔液体中溶质组分的摩尔比,kmol(A)/kmol(S);

ΔX_m——所测填料层两端面上液相推动力的平均值,kmol(A)/kmol(S);

$\Delta X_2,\Delta X_1$——分别为填料层上、下两端面上的液相推动力,kmol(A)/kmol(S);

m——相平衡常数。

用水吸收二氧化碳的体系中,实验测出气相进吸收塔、出吸收塔时 CO_2 的含量以及液相进吸收塔、出吸收塔时 CO_2 的含量,利用上面几个式子可以计算出总体积吸收系数。

(3)回收率 吸收操作的质量可以用回收率来评价,即

$$\varphi_A = \frac{Y_1 - Y_2}{Y_1} \tag{5-44}$$

3)填料吸收塔的操作

①填料吸收塔在每次开工前最好先做一次预液泛,让填料充分被润湿,提高填料层的利用率。

②开工时一般先用泵从塔顶打入吸收剂,然后从塔底送入气体,以免未经吸收的气体被送入后续工序或送入大气中。同理,在整个运转过程中都应有吸收剂进料,一旦进料中断,混合气也应立即停止进料。

③要使吸收过程尽快达到稳定,必须竭力让进塔的各股物料的流量、浓度、温度保持稳定。吸收塔操作的稳定性可根据组成来判断,一般只需反复考察某个对过程变化比较敏感的组成即可。

④确定填料吸收塔的液体流量时,一定要考虑最小喷淋密度的经验数据。当实际喷淋密度小于最小喷淋密度时,表面上塔照常运转,但塔效率明显下降。最小喷淋密度可由经验公式计算或从有关专著中查出。

4. 实验装置

氨吸收实验装置如图 5-12 所示。填料塔的塔体由 $\phi100\ mm \times 5\ mm$ 的有机玻璃管制成,塔高 1.6 m;塔内件主要有液体分布器、填料支承架、气体分布器等。实验用填料为规整填料或散堆填料。如图 5-12 所示,空气在管路中与氨气混合进入吸收塔的塔底,水从塔顶喷淋而下,混合气体在塔中经水吸收后,尾气从塔顶排出,吸收液从塔底排出。

二氧化碳吸收—解吸实验装置如图 5-13 所示。该实验装置有两个塔,一个是吸收塔,另一个是解吸塔。空气在管路中与来自钢瓶的二氧化碳混合后进入吸收塔的塔底,水从塔顶喷淋而下,混合气体在塔中经水吸收后,尾气从塔顶排出,吸收了二氧化碳的液体从塔底排出;离心泵把该液体输送到解吸塔,从解吸塔的顶部喷淋而下,新鲜的空气从解吸塔底部进入塔中,液体中的二氧化碳被解吸出来进入空气中,从塔顶排出,经过解吸的液体从塔底排出进入储槽,用作吸收塔的吸收剂。在这个实验流程中,水是循环使用的。

上述实验装置流程有两个特点:①气体须经过一个高于吸收塔填料层的 π 形管进入塔内,目的是避免因操作失误而发生液体流入风机的情况;②塔底吸收液排出管路也设计成 π 形管的形式,目的是防止气相短路,起到液封的作用。

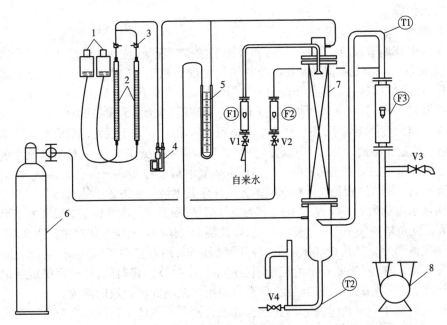

图 5-12　氨吸收实验装置示意

1—玻璃下口瓶　2—计量瓶　3—三通阀　4—吸收瓶　5—U 管压差计　6—氨气钢瓶

7—吸收塔　8—旋涡气泵　F1—液体流量计　F2—氨气流量计　F3—空气流量计

T1—空气温度计　T2—液体温度计　V1、V2—流量调节阀　V3—旁路调节阀　V4—取样阀

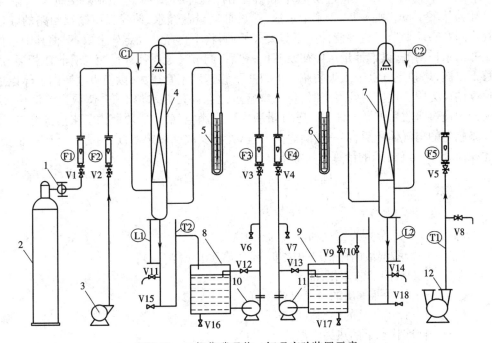

图 5-13　二氧化碳吸收—解吸实验装置示意

1—减压阀　2—CO₂钢瓶　3—空气压缩机　4—填料吸收塔　5、6—U 管压差计　7—填料解吸塔　8、9—水箱

10、11—离心泵　12—旋涡气泵　C1、C2—浓度检测器　F1—CO₂流量计　F2—空气流量计　F3、F4—水流量计

F5—空气流量计　T1—空气温度　T2—吸收液体温度　L1、L2—液位计　V1 ~ V18—阀门

5. 实验步骤

1）氨吸收实验

①全开旁路调节阀启动旋涡气泵，调节进塔的空气流量，按空气流量从小到大的顺序读取填料层压降 Δp、空气流量和流量计处的空气温度。然后，在对数坐标系中以空塔气速 u 为横坐标，以单位填料层高度的压降 $\Delta p/Z$ 为纵坐标，标绘干填料层的 $\Delta p/Z$—u 关系曲线。

②打开进水阀门，水从塔顶喷淋，使填料充分润湿（大约 15 min）。

③在一定的液体流量下，按空气流量从小到大的顺序，用与上面相同的方法读取填料层压降 Δp、空气流量和流量计处的空气温度，并注意观察塔内的操作现象，一旦看到液泛现象记下对应的空气流量。在对数坐标系中标绘出该液体喷淋量下的 $\Delta p/Z$—u 关系曲线，确定液泛气速并与观察的液泛气速相比较。按同样的方法测定其他液体喷淋量下的 $\Delta p/Z$—u 关系曲线。

④固定水流量为某一数值，选择适宜的空气流量，根据空气流量校正曲线和氨气流量校正曲线计算需向进塔空气中送入的氨气流量，以使混合气体中氨与空气的摩尔比为 0.02 左右。

⑤预先调节好空气流量和水流量，打开氨瓶总阀，用氨自动减压阀调节氨流量，使氨流量达到需要值。在空气、氨及水的流量不变的条件下操作一定时间，待过程稳定后记录各流量计的读数，记录塔底排出液的温度，分析塔顶尾气及塔底吸收液的浓度。

⑥增大或减小空气流量，相应地改变氨流量，使混合气体中氨的浓度与第一次实验时相同，水流量与第一次实验也应相同，重复上述操作，测定有关数据。

⑦实验完毕后先关闭氨瓶总阀，让空气和水在塔里继续运行以使存留的氨被吸收掉，然后关闭旋涡气泵、真空泵等仪器设备的电源以及进水阀门，并将所有仪器复原。

⑧尾气中氨的含量是通过酸碱中和确定的，具体方法如下。向吸收瓶移入浓度约 0.01M 的盐酸 1 mL，加入 1～2 滴指示液，然后加适量蒸馏水，使吸收瓶循环回路的液位高度在中间左右。调节三通阀使计量瓶与大气相通，将下口瓶从固定架上取下，使其中水位与计量瓶内水位对齐，读取计量瓶中初始液位；然后，调节三通阀使计量瓶与吸收瓶相通，逐步下移下口瓶，塔顶尾气被吸入吸收瓶。下口瓶下移速度不宜过大，以使吸收瓶内液体以适宜的速度循环为限。反应达到终点时，将下口瓶水位与计量瓶水位对齐，读取最终液位，所得差值即为通过吸收瓶的空气体积。若计量瓶内已充满空气，但吸收瓶内仍未达到终点，读取该计量瓶内的空气体积后，将三通阀通向大气，并将其放回固定架；启用另一个计量瓶，继续上述操作。尾气组成 Y_2 的计算方法如下：

$$Y_2 = \frac{n_{NH_3}}{n_{空气}} = \frac{M_{HCl} V_{HCl}}{V_{计量瓶} \times \dfrac{T_0}{T_{计量瓶}}/22.4}$$

式中　n_{NH_3}，$n_{空气}$——分别为氨气和空气的摩尔数；

　　　M_{HCl}——盐酸溶液的体积摩尔浓度，mol（溶质）/L（溶液）；

　　　V_{HCl}——盐酸溶液的体积，mL；

　　　$V_{计量瓶}$——计量瓶测出的空气总体积，L；

　　　$T_{计量瓶}$——计量瓶处的绝对温度，K；

　　　T_0——标准状态下的热力学温度，273 K。

⑨塔底吸收液的分析。用三角瓶接取吸收液一瓶，并加盖；用移液管取塔底溶液 10 mL 置于另一个三角瓶中，加入 2 滴指示剂，用浓度为 0.1 mol/L 的盐酸滴定至终点。

2）二氧化碳吸收—解吸实验

①实验前往水箱中加入去离子水，检查各流量计调节阀以及二氧化碳减压阀是否均已

关闭。

②解吸塔流体力学特性的测定。开启实验装置的总电源,关闭各流量调节阀,开启水泵10,打开流量调节阀 V3,将解吸塔的填料润湿 10~20 min。把水流量调节到一定值,开动旋涡气泵 12,利用旁路调节阀 8 从小到大调节空气流量,观察填料塔中液体的流动状况,并记下空气流量、塔压降和流动状况,出现液泛以后再测 2~3 个数据点。按同样的方法测定其他液体喷淋量下的塔压降 $\Delta p/Z$—u 关系曲线。关闭水和空气流量计,停水泵和旋涡气泵。

③二氧化碳吸收传质系数的测定。开启水泵 11,打开流量调节阀 V4,充分润湿吸收塔。将水流量调至一固定值,开启水泵 10,调节出口流量计 F3 与 F4 的流量一致,保持吸收塔釜液位稳定在液位计中部,打开旋涡气泵 12,将空气流量调节为较大数值(以不发生液泛为前提)。打开空气压缩机 3,调节气体流量为 1 m³/h,打开二氧化碳钢瓶的总阀,调节减压阀使二氧化碳流量计读数为 0.25 m³/h,操作稳定后测量吸收塔底和水槽的水温;同时测定吸收塔底和解吸塔底溶液中二氧化碳的含量,记录吸收塔、解吸塔尾气传感器上 CO_2 含量的数值(其测出的是 CO_2 在整个尾气中的体积百分数)。

④同时增大或减小吸收塔和解吸塔的喷淋水量,其他条件与第一次实验相同,重复上述操作,测定有关数据。

⑤实验完毕后先关闭 CO_2 瓶总阀,然后关闭旋涡气泵、空压机等仪器设备的电源以及进水阀门,并将所有仪器复原。

⑥测定溶液中二氧化碳的含量。从塔底的取样口处接收塔底溶液;用移液管吸取约 0.1 mol/L 的 $Ba(OH)_2$ 溶液 10 mL,倒入三角瓶中;用另一个移液管吸取吸收液 20 mL 倒入盛有 $Ba(OH)_2$ 溶液的三角瓶中,用胶塞塞好并振荡;加入 1~2 滴甲酚红指示剂,用约 0.1 mol/L 的盐酸滴定到终点(由深红色变黄色)。按下式计算得出溶液中二氧化碳的浓度:

$$c_{CO_2}=\frac{2c_{Ba(OH)_2}V_{Ba(OH)_2}-c_{HCl}V_{HCl}}{2V_{溶液}}$$

6. 注意事项

①开启氨或 CO_2 瓶的总阀前要先关闭减压阀,打开氨或 CO_2 流量调节阀,开启钢瓶总阀时开度不宜过大。

②做完传质实验后要先关闭氨或 CO_2 瓶的总阀。

③做氨的传质实验时,水流量不能超过规定范围,否则尾气中氨的浓度极低,会给尾气分析带来麻烦。

④两次传质实验所用的氨气或 CO_2 浓度尽量相同。

⑤滴定水中的二氧化碳时一定要仔细认真,因为 CO_2 在水中的溶解度很小。

7. 实验报告

①作出塔压降 $\Delta p/Z$ 与空塔气速 u 的关系图,确定液泛速度。

②整理实验数据,并以其中一组数据为例写出计算过程。

③计算以 ΔY(或 ΔX)为推动力的总体积吸收系数 K_Ya(或 K_Xa)的值。

④对两次实验的 Y_2 和 φ_A 进行比较、讨论;对两次实验的 K_Ya 值进行比较、讨论;对物料衡算的结果进行分析、讨论。

8. 思考题

①测定填料塔的 $\Delta p/Z$—u 曲线有何实际意义?

②综合氨吸收、CO_2 吸收—解吸的实验数据进行分析,你认为水吸收空气中的氨、水吸

收空气中的 CO_2 属于气膜还是液膜控制?

③气体温度与吸收剂温度不同时,应按哪个温度计算相平衡常数?

④当进气浓度不变时,欲提高溶液出口浓度,可采取哪些措施?

5.7 实验讲解

5.7 操作演示

5.8 液—液萃取实验

1. 实验目的

①了解液—液萃取设备的结构和特点。

②掌握液—液萃取的原理及萃取塔的操作方法。

③掌握液—液萃取塔传质单元高度或总体积传质系数的测定原理和方法,了解强化传质的方法。

2. 实验内容

观察搅拌转速变化时塔内液滴的变化情况和流动状态;固定两相流量,测定搅拌转速变化时萃取塔的传质单元数 N_{OE}、传质单元高度 H_{OE} 及总传质系数 $K_Y a$。

3. 实验原理

液—液萃取是分离液体混合物的一种单元操作。向欲分离的液体混合物中加入一种与其不互溶或部分互溶的溶剂,形成两相系统,由于混合液中各组分在两相中分配性质的差异,易溶组分较多地进入溶剂相,从而实现混合液的分离。萃取过程中所用的溶剂称为萃取剂,混合液中欲分离的组分称为溶质,混合液中原有的溶剂称为原溶剂。萃取剂应对溶质具有较大的溶解能力,与原溶剂应不互溶或部分互溶。

若两相密度差较大,则进行液—液萃取操作时,仅依靠液体进入设备时的压力及两相的密度差即可使液体分散和流动;反之,若两相密度差较小,界面张力较大,液滴易聚合、不易分散,则进行液—液萃取操作时常采用从外界输入能量的方法,如施加搅拌、脉动、振动等,以增大两相的相对流速,改善液体分散状况。

1) 萃取塔的操作

(1)分散相的选择 在萃取操作中,为了使两相密切接触,其中一相充满设备的主要空间,并呈连续流动,称为连续相;另一相以液滴的形式分散在连续相中,称为分散相。确定哪一相作为分散相对设备的操作性能、传质效果有显著的影响。分散相的选择通常遵循如下原则。

①为了增大相际接触面积,一般将流量大的一相作为分散相;但如果所用的萃取设备可能产生严重的轴向返混,应选择流量小的一相作为分散相,以减小返混的影响。

②在填料塔、筛板塔等萃取设备中,宜将不易润湿填料或筛板的一相作为分散相。

③当两相黏度差较大时,应将黏度大的一相作为分散相,这样液体在连续相中的沉降(或升浮)速度较大,可提高设备的生产能力。

④为减小液滴尺寸并增强液滴表面的湍动,对于界面张力梯度 $\dfrac{d\sigma}{dx}>0$(x 为溶质的组成)的物系,溶质应从液滴向连续相传递;反之,对于 $\dfrac{d\sigma}{dx}<0$ 的物系,溶质应从连续相向液滴传递。

⑤为降低成本和保证安全操作,应将成本高的、易燃、易爆物料作为分散相。

(2)液滴的分散 为了使其中一相作为分散相,必须将其分散为液滴的形式,一相液体的分散,亦即液滴的形成,必须使液滴大小适当。因为液滴的尺寸不仅关系到相际接触面积,而且影响传质系数和塔的流通量。

液滴较小固然相际接触面积较大,有利于传质;但是液滴过小其内循环会消失,液滴的行为趋于固体球,传质系数下降,对传质不利。所以,液滴的尺寸对传质的影响必须同时考虑这两方面的因素。

此外,萃取塔所允许的泛点速度与液滴的运动速度有关,而液滴的运动速度与液滴的尺寸有关。一般液滴较大泛点速度较高,萃取塔允许较大的流通量;相反,液滴较小泛点速度较低,萃取塔允许的流通量也较小。

因此,在进行萃取设备结构的设计和操作参数的选择时必须统筹兼顾,以找出最适宜的方案。

(3)萃取塔的液泛 在连续逆流萃取操作中,分散相和连续相的流量不能任意加大。流量过大,一方面会引起两相接触时间缩短,降低萃取效率;另一方面,两相速度加大引起流动阻力增大,当速度增大到某一极限值时,一相会因阻力增大而被另一相夹带至其入口处流出塔外。这种两种液体互相夹带的现象称为液泛,此时的速度称为液泛速度。液泛时塔的正常操作被破坏,因此萃取塔的实际操作速度必须低于液泛速度。

(4)萃取塔的开车 萃取塔开车时应首先往塔中注满连续相,然后加入分散相,使两相液体在塔中接触传质,分散相液滴必须凝聚后才能从塔内排出。当轻相作为分散相时,应使分散相在塔顶分层凝聚,并依靠重相出口的 π 形管(可以上下移动)调节两液相的界面维持在适当高度;随着分散相在塔顶聚集,轻相液体从塔顶排出。当重相作为分散相时,分散相液滴在塔底的分层段凝聚,两相界面应维持在塔底分层段的某一位置上。

(5)萃取塔的稳定 要使萃取过程尽快稳定,必须让进塔的各股物料的流量、组成、温度及其他操作条件保持稳定。为判断传质过程的稳定性,一般只需反复考察某一对过程变化比较敏感的组成即可。一般来说,从给定操作条件开始到各种被测量的数值达到与给定的操作条件相对应的稳定值,需要一段稳定时间。这是因为:在塔的有效高度范围内,萃取相与萃余相建立一套与给定的操作条件对应的沿塔高变化的浓度梯度需要一段时间;从塔出口至取样口之间会滞留一些轻相或重相液体,由原来的浓度变到与操作条件相对应的浓度需要一定时间,滞留的液量越大,所需要的时间越长。

2)萃取塔的传质单元高度和总体积传质系数

本实验以水为萃取剂,从煤油中萃取苯甲酸,苯甲酸在煤油中的浓度约为 0.2%(质量)。水相为萃取相(用字母 E 表示,在本实验中是连续相、重相),煤油相为萃余相(用字母 R 表示,在本实验中是分散相)。在萃取过程中苯甲酸部分地从萃余相转移至萃取相。萃取相及萃余相的进、出口浓度由酸碱滴定分析测定。考虑到水与煤油是完全不互溶的,且苯甲酸在两相中的浓度都很低,可认为在萃取过程中两相液体的体积流量不发生变化。

萃取塔的分离效率可以用传质单元高度 H_{OE} 或理论级当量高度 h_e 表示。下面介绍传质单元高度和总体积传质系数的计算。

(1)按萃取相计算的传质单元数

$$N_{OE} = \int_{Y_{Et}}^{Y_{Eb}} \frac{\mathrm{d}Y_E}{Y_E^* - Y_E} \tag{5-45}$$

式中　Y_{Et}——苯甲酸在塔顶萃取相中的质量比组成,kg 苯甲酸/kg 水(本实验中 $Y_{Et}=0$);

　　　　Y_{Eb}——苯甲酸在塔底萃取相中的质量比组成,kg 苯甲酸/kg 水;

　　　　Y_E——苯甲酸在塔内某一高度处萃取相中的质量比组成,kg 苯甲酸/kg 水;

　　　　Y_E^*——与苯甲酸在塔内某一高度处萃余相组成 X_R 平衡的萃取相中的质量比组成,kg 苯甲酸/kg 水。

由 Y_E—X_R 图上的分配曲线(平衡曲线)与操作线可求得 $\dfrac{1}{Y_E^* - Y_E}$—Y_E 的关系,再进行图解积分或辛普森积分可求得 N_{OE}。

(2)按萃取相计算的传质单元高度

$$H_{OE} = \frac{H}{N_{OE}} \tag{5-46}$$

式中　H_{OE}——萃取塔的有效高度,m;

　　　　H_{OE}——按萃取相计算的传质单元高度,m。

(3)按萃取相计算的总体积传质系数

$$K_{YE}a = \frac{S}{H_{OE}\Omega} \tag{5-47}$$

式中　S——萃取相中纯溶剂的流量,kg 水/h;

　　　　Ω——萃取塔的截面积,m²;

　　　　$K_{YE}a$——按萃取相计算的总体积传质系数,$\dfrac{\text{kg 苯甲酸}}{\text{m}^3 \cdot \text{h} \cdot \dfrac{\text{kg 苯甲酸}}{\text{kg 水}}}$。

同理,本实验也可以按萃余相计算 N_{OR}、H_{OR} 及 $K_{XR}a$。

4. 实验装置

实验装置如图 5-14 所示。水相和油相的输送用离心泵,水相和油相的计量用 LZB – 4 型转子流量计,桨叶搅拌轴的转速是通过调控电机的电压实现的。油相、水相的进塔、出塔苯甲酸浓度用 NaOH 溶液滴定。

5. 实验步骤

①在实验装置水箱和原料煤油箱内分别放满水、含有苯甲酸的煤油,启动水相和油相泵,将两相的回流阀打开,使其循环流动。

②全开水相转子流量计调节阀,将连续相水送入塔内。当塔内水面上升到塔上部的分离澄清段时,开启油相转子流量计调节阀,把水、煤油的流量调至一定数值,并缓慢改变 π 形管的高度,使塔内两相界面稳定在塔上部的分离澄清段,但不能超过轻相出口。

③对桨叶式搅拌萃取塔,启动电动机要适当地调节变压器使其转速达到指定值。调速时应慢慢地升速,绝不能调节过快致使马达"飞转"而损坏设备。

④操作稳定并且传质达到稳定后,用锥形瓶收集煤油进、出口样品及水相出口样品各约

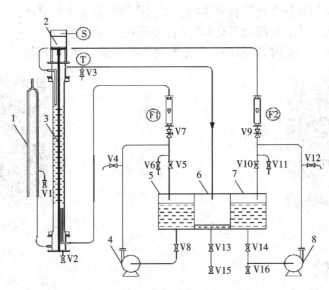

图 5-14　液—液萃取实验装置示意

1—π形管　2—电机　3—萃取塔　4—煤油泵　5—原料煤油箱　6—煤油回收箱　7—水箱
8—水泵　S—转速频率计　T—温度计　F1—煤油流量计　F2—水流量计　V1～V16—阀门

60 mL,备分析浓度之用。

⑤取样后即可改变条件进行另一操作条件下的实验。保持油相和水相流量不变,将搅拌转速调到另一数值,进行另一条件下的测定。

⑥用容量分析法测定各样品的浓度。对于水相,用移液管取 20 mL 样品,以酚酞作指示剂,用 0.01 mol/L 左右的 NaOH 标准液滴定样品中的苯甲酸;对于油相,用移液管取 20 mL 样品,再用量筒取 20 mL 去离子水,充分摇匀,以酚酞作指示剂,然后用 0.01 mol/L 左右的 NaOH 标准液滴定样品中的苯甲酸,要注意边滴边摇。

⑦实验完毕后关闭两相流量计调节阀、搅拌轴电机开关,切断电源。滴定分析过的煤油应集中存放回收。洗净分析仪器,将一切复原,保持实验台面的整洁。

6. 注意事项

①必须搞清楚装置中每个设备、部件、阀门、开关的作用和使用方法,然后再进行实验操作。

②在操作过程中,塔顶两相界面的位置一定要控制在轻相出口以下,要避免水相混入油相中。

③由于分散相和连续相在塔顶、塔底滞留很多,改变操作条件后,稳定时间一定要足够长,否则误差极大;另外,在操作过程中要保持两相流量稳定不变。

④煤油的实际体积流量并不等于流量计的读数。需用煤油的实际流量数值时,必须用流量修正公式对流量计的读数进行修正方可使用。

7. 实验报告

①用数据表列出实验的全部数据,并以某一组数据为例进行计算举例。

②对实验结果进行分析讨论:对不同转速下塔顶轻相浓度 X_{Rt}、塔底重相浓度 Y_{Eb} 及 $K_{YE}a$、N_{OE}、H_{OE} 的值进行比较,并加以讨论。

③用本实验的数据求取理论级当量高度。

8. 思考题

①对于一种液体混合物,根据哪些因素决定是采用蒸馏方法还是萃取方法进行分离?

②操作温度对萃取分离效果有何影响? 如何选择萃取操作的温度?

③增大溶剂比对萃取分离效果有何影响? 有哪些不良影响?

④当萃余液含量一定时,溶质的分配系数对所需的溶剂量有何影响?

5.8 实验讲解

5.8 操作演示

5.9 干燥实验

1. 实验目的

①了解实验室干燥设备的基本构造与工作原理,掌握恒定干燥条件下物料的干燥曲线和干燥速率曲线的测定方法。

②学习物料含水量的测定方法,加深对物料临界含水量 X_c 的概念及影响因素的理解。

③学习恒速干燥阶段物料与空气之间对流传热系数的测定方法。

④学习用误差分析方法对实验结果进行误差估算。

2. 实验内容

①在其他条件相同的情况下,测定某物料在不同空气流量或不同温度下的干燥曲线、干燥速率曲线和临界含水量。

②测定恒速干燥阶段物料与空气之间的对流传热系数。

3. 实验原理

本实验的干燥过程属于对流干燥,热空气将热量传给湿物料,使物料表面的水分汽化,汽化的水分被空气带走。因此,干燥介质既是载热体,又是载湿体,干燥过程是热、质同时传递的过程。传热方向是由气相到固相,热空气与湿物料的温差是传热的推动力;传质方向是由固相到气相,传质的推动力是物料表面的水汽分压与热空气中的水汽分压之差。显然干燥速率是由传热过程和传质过程共同控制的。目前对干燥机理的研究还不够充分,没有成熟的理论方法和公式计算干燥速率,干燥速率的数据主要依靠实验获得。

对于干燥过程的设计和操作,干燥速率是一个非常重要的参数。例如干燥设备的设计或选型,通常规定干燥时间和工艺要求,确定干燥器的类型和干燥面积;或者干燥器的类型及干燥面积已定,规定工艺要求,确定干燥时间。这都需要知道物料的干燥特性,即干燥曲线和干燥速率曲线。

一定的湿物料在恒定的干燥条件下(温度、湿度、风速、接触方式)与干燥介质接触时,物料表面的水分开始汽化,并向周围介质传递。根据干燥过程中不同阶段的特点,干燥过程可分为两个阶段。

第一个阶段为恒速干燥阶段。在此阶段,由于物料的含水量较高,其内部的水分能迅速地到达物料表面。因此,干燥速率为物料表面水分的汽化速率所控制,此阶段亦称表面汽化控制阶段。在此阶段,干燥介质传给物料的热量全部用于水分的汽化,物料表面的温度维持恒定(为空气的湿球温度),物料表面的水蒸气分压也维持恒定,故干燥速率恒定不变。

第二个阶段为降速干燥阶段。当物料被干燥至含水量达到临界湿含量后,便进入降速干燥阶段。此时,物料中所含水分较少,水分自物料内部向表面传递的速率低于物料表面水分的汽化速率,干燥速率为水分在物料内部的传递速率所控制,此阶段亦称内部迁移控制阶段。随着物料湿含量逐渐降低,物料内部水分的迁移速率也逐渐减小,故干燥速率不断下降。

(1)干燥曲线　干燥曲线即物料的干基含水量 X 与干燥时间 τ 的关系曲线,它反映了物料在干燥过程中干基含水量随干燥时间的变化关系。

物料的干基含水量

$$X = \frac{G - G_c}{G_c} \tag{5-48}$$

式中　X——物料的干基含水量,kg 水/kg 绝干物料;

　　　G——固体湿物料量,kg;

　　　G_c——绝干物料量,kg。

(2)干燥速率曲线　干燥速率曲线是干燥速率 U 与干基含水量 X 的关系曲线。干燥速率曲线只能通过实验测得,因为干燥速率不仅取决于空气的性质和操作条件,而且受物料性质、结构以及所含水分性质的影响。

干燥速率一般用单位时间内单位面积上汽化的水量表示,即

$$U = \frac{dW}{Sd\tau} \approx \frac{\Delta W}{S\Delta \tau} \tag{5-49}$$

式中　U——干燥速率,kg/(m^2·h);

　　　S——干燥面积,m^2;

　　　$\Delta \tau$——时间间隔,h;

　　　ΔW——$\Delta \tau$ 时间间隔内干燥汽化的水分量,kg。

(3)恒速干燥阶段　物料表面与空气之间对流传热系数的测定。

$$U_c = \frac{dW}{Sd\tau} = \frac{dQ}{r_{t_w}Sd\tau} = \frac{\alpha(t - t_w)}{r_{t_w}} \tag{5-50}$$

$$\alpha = \frac{U_c r_{t_w}}{t - t_w} \tag{5-51}$$

式中　α——恒速干燥阶段物料表面与空气之间的对流传热系数,W/(m^2·℃);

　　　U_c——恒速干燥阶段的干燥速率,kg/(m^2·h);

　　　t_w——干燥器内空气的湿球温度,℃;

　　　t——干燥器内空气的干球温度,℃;

　　　r_{t_w}——t_w 下水的汽化热,J/kg。

(4)干燥器内空气实际体积流量的计算　由节流式流量计的流量公式和理想气体的状态方程式可推导出:

$$V_t = V_{t_0} \times \frac{273 + t}{273 + t_0} \tag{5-52}$$

式中　V_t——干燥器内空气的实际体积流量,m^3/s;

　　　t_0——流量计处空气的温度,℃;

V_{t_0}——常压、t_0下空气的体积流量,m³/s;

t——干燥器内空气的温度,℃。

$$V_{t_0} = C_0 \times A_0 \times \sqrt{\frac{2 \times \Delta p}{\rho}} \tag{5-53}$$

$$A_0 = \frac{\pi}{4}d_0^2 \tag{5-54}$$

式中 C_0——流量计的流量系数,$C_0 = 0.67$;

A_0——节流孔开孔面积,m²;

d_0——节流孔开孔直径,$d_0 = 0.050$ m;

Δp——节流孔上下游两侧压力差,Pa;

ρ——孔板流量计处 t_0 下空气的密度,kg/m³。

4. 实验装置

实验装置如图 5-15 所示。空气由风机输送,经过加热后进入干燥器中,湿物料(湿帆布、湿毛毡或湿保温砖)被固定在干燥器内,与空气的流向平行,使用质量传感器测定其质量变化。

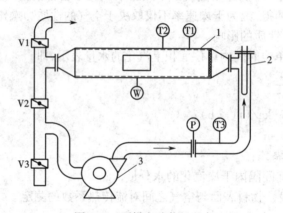

图 5-15 干燥实验装置示意

1—洞道干燥器 2—空气加热器 3—风机 P—孔板压差计 W—质量传感器
T1—干球温度计 T2—湿球温度计 T3—空气入口温度计 V1、V2、V3—蝶阀

干燥器类型:洞道;

洞道尺寸:长 1.10 m、宽 0.125 m、高 0.180 m;

加热功率:1 500 W;

空气流量:1～5 m³/min;

干燥温度:40～120 ℃;

质量传感器显示仪:量程 0～200 g,精度 0.2 级;

干球温度计、湿球温度计显示仪:量程 0～150 ℃,精度 0.5 级;

孔板流量计处温度计显示仪:量程 0～100 ℃,精度 0.5 级;

孔板流量计压差变送器和显示仪:量程 0～4 kPa,精度 0.5 级;

电子秒表:绝对误差 1.0 ms。

5. 实验步骤

①实验前的准备工作。将干燥物料放入水中浸湿。向湿球温度计的附加蓄水瓶内补充

适量的水,使瓶内水面上升至适当位置。将固定物料的支架安装在洞道内。

②调节风机吸入口的蝶阀 V3 到全开的位置后启动风机,用废气排出阀和废气循环阀调节到一定的流量后开启加热电源。在智能仪表中设定干球温度,空气温度会自动调节稳定在设定的温度。

③在空气温度、流量稳定的条件下,用质量传感器测定支架的质量并记录。

④把充分浸湿的物料固定在质量传感器上并与气流平行放置,在稳定的条件下记录每隔 2 min 物料减轻的质量,直至物料的质量不再明显减轻为止。

⑤改变空气流量或干球温度,重复上述实验。

⑥关闭加热电源,待干球温度降至常温后关闭风机电源和总电源,实验完毕,将一切复原。

6. 注意事项

①质量传感器的量程为 0 ~ 200 g,精度为 0.2 级。放置干燥物料时务必轻拿轻放,以免损坏仪表。

②干燥器内必须有空气流过才能开启加热,防止干烧损坏加热器,发生事故。

③干燥物料要充分浸湿,但不能有水滴自由滴下,否则将影响实验数据的正确性。

④实验中不要随意改变空气温度控制仪表的设置。

7. 实验报告

①根据实验结果绘制出干燥曲线、干燥速率曲线,并确定恒定干燥速率、临界含水量、平衡含水量。

②试分析空气流量或温度对恒定干燥速率、临界含水量的影响。

③计算出恒速干燥阶段物料与空气之间的对流传热系数。

④利用误差分析法估算出 α 的误差。

8. 思考题

①如果空气温度 t、t_w 不变,增大风速,干燥速率如何变化?

②比较不同组的实验数据,研究在不同的 t、t_w 及不同的空气流量下,临界含水量 X_c 有何不同?

③其他条件不变,湿物料最初的含水量大小对干燥速率曲线有何影响?为什么?

④湿物料的平衡水分 X^* 的数值大小受哪些因素的影响?

5.9 实验讲解

5.9 操作演示

第6章 化工原理演示实验和选修实验

6.1 化工原理演示实验

6.1.1 雷诺实验

1. 实验目的

①了解管内流体质点的运动方式,认识不同流动型态的特点,掌握判别流型的准则。

②观察圆直管内流体作层流、过渡流、湍流的流动型态。观察流体作层流流动的速度分布。

2. 实验原理

流体流动有不同形态,即层流(滞流)、过渡流、湍流。流体的流动类型取决于流体的流动速度 u、流体的黏度 μ、流体的密度 ρ 及流体流经管道的直径 d。这 4 个因素可用雷诺数 $Re = \dfrac{du\rho}{\mu}$ 表示。

层流时($Re \leqslant 2\,000$),流体质点运动非常有规律,为直线运动,且相互平行。层流流动时,管截面上速度分布呈抛物线分布。湍流时($Re \geqslant 4\,000$),流体质点除了沿流体流动方向运动外,在其他方向会出现非常不规则的脉动现象。处于层流和湍流中间的流动为过渡状态,与环境因素有关,有时为滞流,有时为湍流,流型不稳定。

3. 实验装置

实验装置流程如图 6-1 所示。实验管道有效长度 $L = 600.0$ mm,外径 $D_\circ = 30.0$ mm,内径 $D_i = 24.5$ mm,孔板流量计孔板内径 $d_\circ = 9.0$ mm。

4. 实验步骤

1)实验前的准备工作

①实验前应仔细调整示踪剂注入管的位置,使其处于实验管道的中心线上。

②向红墨水瓶中加入适量稀释过的红墨水,作为实验用的示踪剂。

③关闭流量调节阀 V3,打开进水阀 V1,使水充满水槽并有一定的溢流,以保证高位槽的液位恒定。

④排出红墨水注入管中的气泡,使红墨水充满细管道。

2)实验过程

①调节进水阀 V1,维持尽可能小的溢流量。轻轻打开流量调节阀 V3,让水缓慢流过实验管道。

②缓慢且适量地打开红墨水流量调节阀,即可看到在当前流量下实验管道内水的流动状况(层流流动如图 6-2 所示)。用转子流量计可测得水的流量并计算出雷诺数。进水和溢流造成的震动有时会使实验管道中的红墨水流束偏离管道的中心线或发生不同程度的摆

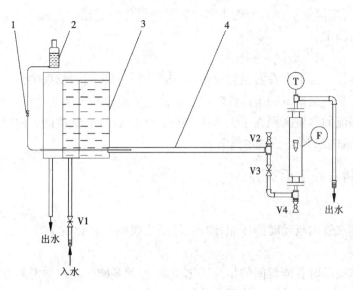

图 6-1 雷诺实验装置流程

1—红墨水流量调节阀 2—红墨水瓶 3—高位槽 4—测试管

F—转子流量计 T—温度计 V1～V4—阀门

动,此时可暂时关闭进水阀 V1,稍后即可看到红墨水流束重新回到实验管道的中心线。

③逐步增大进水阀 V1 和流量调节阀 V3 的开度,在维持尽可能小的溢流量的情况下增大实验管道中的水流量,观察实验管道内水的流动状况(过渡流、湍流流动如图 6-3 所示)。同时,记录流量计读数并计算出雷诺数。

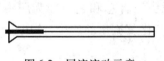

图 6-2 层流流动示意

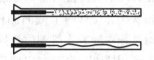

图 6-3 过渡流、湍流流动示意

3)流体在圆管内流动速度分布的演示实验

首先将进口阀 V1 打开,关闭流量调节阀 V3。然后打开红墨水流量调节阀,使少量红墨水流入实验管道入口端。最后突然打开流量调节阀 V3,在实验管道中可以清晰地看到红墨水流动所形成的如图 6-4 所示的速度分布。

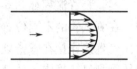

图 6-4 速度分布示意图

4)实验结束后的操作

①关闭红墨水流量调节阀,使红墨水停止流动。

②关闭进水阀 V1,使水停止流入高位槽。

③待实验管道冲洗干净,水中的红色消失后,关闭流量调节阀 V3。

④若日后较长时间不用,将装置内各处的存水放净。

5. 注意事项

层流流动时,为了使层流状态能较快地形成,而且能够保持稳定。第一,水槽的溢流量应尽可能小。因为溢流量大时,上水的流量也大,上水和溢流造成的震动都比较大,会影响实验结果。第二,应尽量不要人为地使实验装置产生任何震动。为减小震动,若条件允许,可对实验架进行固定。

6. 思考题

①若红墨水注入管不设在实验管道中心,能得到实验预期的结果吗?

②如何计算某一流量下的雷诺数?用雷诺数判别流型的标准是什么?

③层流和湍流的本质区别在于流体质点的运动方式不同,试述两者的运动方式。

④解释"层流内层"和"湍流主体"的概念。

6.1.2 伯努利方程演示实验

1. 实验目的

①了解流体在管内流动时静压能、动能、位能之间相互转化的关系,加深对伯努利方程的理解。

②掌握流体流动时各能量间的相互转化关系,在此基础上理解伯努利方程。

③了解流体在管内流动时流体阻力的表现形式。

2. 实验原理

流体在流动时具有三种机械能,即位能、动能、静压能。这三种能量是可以相互转化的。当管路条件(如位置高低、管径大小)改变时,它们会相互转化。

对实际流体来说,因为存在内摩擦,流动过程中会有一部分机械能因摩擦和碰撞而转化为热能。转化为热能的机械能在管路中是不能恢复的,因此,对实际流体来说,两个截面上的机械能总和是不相等的,两者的差额即为能量损失。

动能、位能、静压能三种机械能都可以用液柱高度来表示,分别称为位压头 H_z、动压头 H_w 和静压头 H_p;任意两个截面间位压头、动压头、静压头三者总和之差即为压头损失 H_f。观察流动过程中随着实验测试管路结构与水平位置的变化及流量的改变,静压头与动压头的变化情况,并找出其规律,以验证伯努利方程。

3. 实验装置

实验装置流程如图 6-5 所示。测试管由不同直径、不同高度的玻璃管连接而成,便于观测。在测试管的不同位置选择若干个测量点,每个测量点连接有两个垂直测压管,其中一个测压管直接连接在管壁处,其液位高度反映测量点处静压头的大小,为静压头测量管;另一测压管测口在管中心处,正对水流方向,其液位高度为静压头和动压头之和,称为冲压头测量管。测压管液位高度可由装置上的刻度尺读出。水由高位槽经测试管回到水箱,水箱中的水用泵打到高位槽,以保证高位槽始终保持溢流状态。

4. 实验步骤

①往水箱中加入约 3/4 体积的蒸馏水,关闭离心泵出口流量调节阀 V1、回流阀 V2 及流量调节阀 V4,启动离心泵。

②将实验管路上的流量调节阀全部打开,逐步开大离心泵出口流量调节阀至高位槽溢流管中有水溢流,待流动稳定后观察并读取各测压管的液位高度。

③逐渐关小调节阀,改变流量,观察同一测量点及不同测量点各测压管液位的变化。

④关闭离心泵出口流量调节阀和回流阀后,关闭离心泵,实验结束。

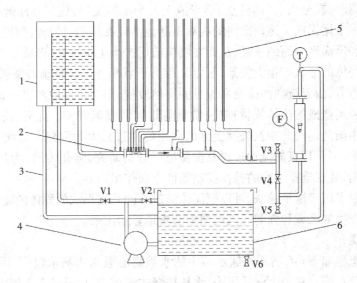

图 6-5 伯努利方程演示实验装置流程

1—高位槽 2—实验管路 3—溢流管 4—离心泵 5—玻璃管压差计 6—水箱

F—转子流量计 T—温度计 V1～V6—阀门

5. 注意事项

①不要将离心泵出口流量调节阀开得过大,以避免水从高位槽中冲出和导致高位槽液面不稳定。

②流量调节阀须缓慢地关小,以免造成流量突然下降,使测压管中的水溢出。

③必须排出实验管路和测压管内的气泡。

6. 思考题

①流体在管道中流动时涉及哪些能量?

②在观察实验中如何测得某截面上的静压头和总压头? 如何测得某截面上的动压头?

③不可压缩流体在水平不等径管路中流动,流速与管径的关系是什么?

④若两测压截面距基准面的高度不同,两截面间的静压差仅是由流动阻力造成的吗?

⑤观察各项机械能数值的相对大小,得出结论。

6.1.3 流线演示实验

1. 实验目的

①通过演示实验使学生进一步理解流体流动的轨迹及流线的基本特征。

②观察流体流过不同固体边界时的流动现象以及产生旋涡的区域和形态等,增强对流体流动特性的感性认识。

2. 实验原理

实际流体沿着壁面流动,由于黏性作用,会在壁面处形成边界层。在实际工程中,物体的边界往往是曲面(流线型或非流线型物体)。当流体绕流物体时,一般会出现下列现象:物面上的边界层从某个位置开始脱离物面,并在物面附近出现与主流方向相反的回流,流体力学中称这种现象为边界层分离现象。

边界层分离时,在分离点(即驻点)后形成大大小小的旋涡,旋涡不断地被主流带走,在物体后面产生一个尾涡区。尾涡区内的旋涡不断地消耗有用的机械能,使该区的压强降低,即小于物体前和尾涡区外面的压强,从而在物体前后产生了压强差,形成了压差阻力。压差阻力的大小与物体的形状有很大关系,所以又称为形状阻力。流体流经管件、阀门、管子进出口等局部的地方,由于流向的改变和流道的突然改变,都会出现边界层分离现象。工程上为减小边界层分离造成的流体能量损失,常常将物体做成流线型。此外,旋涡(或称涡流)造成的流体微团杂乱运动并相互碰撞混合也会使传递过程大大强化。因此,流体流线研究的现实意义在于,可对现有的流动过程及设备进行分析研究,强化传递,为开发新型高效设备提供理论依据,并在选择适宜的操作控制条件方面作出指导。

本演示实验采用气泡示踪法,可以把流体流过不同几何形状的固体的流线、边界层分离现象以及旋涡产生的区域和强弱等流动图像清晰地显示出来。

3. 实验装置

实验装置流程如图6-6所示。储水槽中的水被离心泵送入演示仪中,再通过演示仪的溢流装置返回储水槽。在每个演示仪中,水从狭缝式流道流过,通过在水流中掺入气泡的方法演示出不同形状边界下的多种水流现象,并显示相应的流线。装置中的每个演示仪均可作为独立的单元使用,也可以同时使用。为便于观察,演示仪用有机玻璃制成。

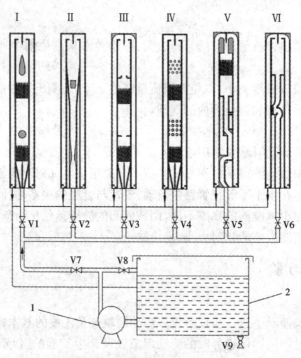

图6-6 流线演示实验装置流程
1—离心泵 2—储水槽 V1～V9—阀门

几种流动演示仪的说明(可根据需要设计其他形式的演示仪)如下。

Ⅰ型:带有气泡的流体经过逐渐扩大、流线型直角弯道后流入储水槽。

Ⅱ型:带有气泡的流体经过文丘里、转子、直角弯道后流入储水槽。

Ⅲ型：带有气泡的流体经过逐渐扩大、孔板、喷嘴、直角弯道后流入储水槽。

Ⅳ型：带有气泡的流体经过逐渐扩大、正方形排列管束、正三角形排列管束、直角弯道后流入储水槽。

Ⅴ型：带有气泡的流体经过45°角弯道、圆弧形弯道、直角弯道、45°弯道、突然扩大、稳流、突然缩小后流入储水槽。

Ⅵ型：带有气泡的流体经过阀门、突然扩大、直角弯道后流入储水槽。

4. 实验步骤

①实验前将加水开关打开,将蒸馏水加入储水槽中,至水位达到水箱高度的2/3。

②开启离心泵,调节出水阀的开度,使出水保持适当的流量。

③打开欲进行演示的分进水阀,控制流量。缓缓打开进气阀调节气泡量,使演示仪能够清楚地观察到流线。

④为比较流体流过不同绕流体的流线形式与旋涡的形成,可同时选择几个演示仪进行实验。

⑤继续调节离心泵的调节旋钮,观察不同流速下流线的变化与旋涡的大小。

⑥实验结束,关闭进气阀、各分支调节阀、总控制阀,最后关闭离心泵。

注:为了达到更好的实验效果,可往水中添加颜料;实验中应注意调节进气阀的进气量,使气泡大小适中,流动演示得更清晰。

5. 思考题

①在输送流体时,为什么要避免旋涡的形成?

②为什么在传热、传质过程中要形成适当的旋涡?

③流体绕圆柱流动时,边界层分离发生在什么地方? 流速不同,分离点是否相同? 边界层分离后流体的流动状态是怎样的?

6.1.4　板式塔流体力学性能演示实验

1. 实验目的

通过实验了解塔设备的基本结构和塔板(筛孔、浮阀、泡罩、舌形)的基本结构,观察气、液两相在不同类型塔板上的流动与接触状况,观察实验塔内正常与几种不正常的操作现象,并进行塔板压降的测量。

2. 实验原理

板式塔在精馏和吸收操作中应用非常广泛,是一种重要的气液接触传质设备。塔板是板式塔的核心部件,它决定了塔的基本性能,为了有效地实现气、液两相之间的物质传递和热量传递,要求塔板具有以下两个条件:①必须创造良好的气液接触条件,形成较大的接触面积,而且接触面应不断更新,以增大传质、传热的推动力;②全塔总体上应保证气液逆流流动,避免返混和气液短路。

塔是靠自下而上的气体和自上而下的液体在塔板上流动时进行接触而达到传质和传热目的的,因此,塔板传质、传热性能的好坏主要取决于板上气、液两相的流体力学状态。

1)塔板上的气液两相接触状况

当气体速度较低时,气、液两相呈鼓泡接触状态。塔板上存在明显的清液层,气体以气泡形态分散在清液层中,气、液两相在气泡表面进行传质。当气体速度较高时,气、液两相呈泡沫接触状态。此时塔板上的清液层明显变薄,只有在塔板表面处才能看到清液,清液层随气速增大而减少,塔板上存在大量泡沫,液体主要以不断更新的液膜形态存在于十分密集的泡沫之间,气、液两相在液膜表面进行传质。当气体速度很高时,气、液两相呈喷射接触状态,液体以不断更新的液滴形态分散在气相中,气、液两相在液滴表面进行传质。

2)塔板上不正常的流动现象

在板式塔的操作过程中,塔内要维持正常的气液负荷,避免以下不正常的操作状况。

①漏液:当上升的气体速度很低时,气体通过塔板升气孔的动压不足以阻止塔板上的液层下降,液体将从塔板的开孔处往下漏,出现漏液现象。

②雾沫夹带:上升的气体穿过塔板的液层时,将板上的液滴裹挟到上一层塔板,引起液相返混的现象称为雾沫夹带。

③液泛:塔内气液两相之一的流量增大,使降液管内的液体不能顺利流下,降液管内液体积累,当管内液体越过溢流堰顶部时,两板间液体相连,并依次上升,这种现象称为液泛,也称淹塔。此时,塔板压降上升,全塔操作被破坏。

塔板的设计应力求结构简单、传质效果好、气液通过能力大、压降低、操作弹性大。

3. 实验装置

实验装置流程如图 6-7 所示。该流程含有 4 个塔,分别是舌形塔、泡罩塔、浮阀塔、筛板塔,这 4 个塔并联。空气由旋涡气泵经过孔板流量计计量后输送到板式塔塔底,向上经过塔板,从塔顶流出;液体由离心泵输送,经过转子流量计计量后由塔顶进入塔内与空气进行接触,从塔底流回水箱。

塔体材料为有机玻璃,塔高 920 mm,塔体尺寸 $\phi 100$ mm $\times 5.5$ mm,板间距 180 mm。

孔板流量计的流量计算公式为

$$Q = C_0 \times A_0 \times \sqrt{\frac{2 \times \Delta p}{\rho}}, A_0 = \frac{\pi}{4} \times d_0^2$$

式中　Q——流量,m^3/s;

C_0——孔板流量计的孔流系数,$C_0 = 0.67$;

d_0——孔板流量计的孔径,17 mm;

Δp——孔板流量计前后的压差,Pa。

4. 实验步骤

①向水箱内灌满蒸馏水,将空气流量调节阀 V19 置于全开的位置,关闭离心泵流量调节阀 V5。

②启动旋涡气泵,向塔内通入空气,同时打开离心泵向该塔输送液体,改变气液流量,观察塔板上的气液流动与接触状况,并记录塔压降、空气流量、液体流量。

③用同样的方法依次测定与观察其他塔的压降和气液流动与接触状况。

④实验结束后先关闭调节阀和离心泵,待塔内液体大部分流到塔底时再关闭旋涡气泵,防止设备和管道内进水。

5. 注意事项

①为保持有机玻璃塔的透明度,实验用水必须采用蒸馏水。

②开车时先开旋涡气泵,后开离心泵,停车反之,这样可以避免板式塔内的液体灌入风机中。

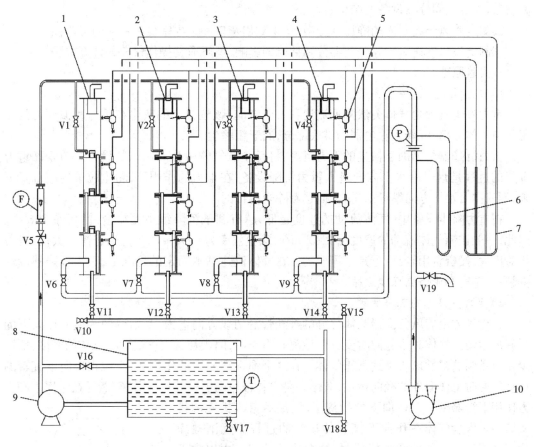

图 6-7 板式塔流体力学性能演示实验装置流程

1—泡罩塔 2—浮阀塔 3—舌形塔 4—筛板塔 5—气液分离瓶 6、7—U 形管压差计
8—水箱 9—离心泵 10—旋涡气泵 F—转子流量计 T—温度计 P—孔板流量计 V1～V19—阀门

③实验过程中改变空气流量或水流量时,必须待其稳定后再观察现象和测取数据。

④若 U 形管压差计指示液面过高,将导压管取下,用吸耳球吸出部分指示液。

⑤水箱必须充满水,否则空气压力过大时空气易走短路从水箱逸出。

6. 思考题

①在板式塔中气、液两相的传质面积是固定不变的吗?

②评价塔板性能的指标是什么?讨论筛板、浮阀、泡罩、舌形塔板等 4 种塔板各自的优缺点。

③由传质理论可知,流动过程中接触的两相湍动程度愈大,传质阻力就愈小,如何提高两相的湍动程度?湍动程度的提高受不受限制?

④定性分析一下液泛和哪些因素有关。

6.1.5 非均相气固分离演示实验

1. 实验目的

①演示含有不同直径固体颗粒的气体经过沉降室、旋风分离器及布袋过滤器的气固分

离现象,了解气固分离设备的结构、特点和工作原理。

②测定旋风分离器内的静压强分布,认识到出灰口和集尘室良好密封的必要性。

③测定进口气速对旋风分离器分离性能的影响,理解适宜操作气速的计算方法。

2. 实验原理

1)重力沉降器的除尘原理

重力除尘是含尘气体突然降低流速和改变流向,颗粒较大的灰尘在重力和惯性力的作用下与气体分离,沉降到除尘器的锥底部分,属于粗除尘。

重力沉降器是借助于粉尘的重力沉降,将粉尘从气体中分离出来的设备。粉尘靠重力沉降的过程是烟气沿水平方向进入重力沉降设备,在重力的作用下,粉尘粒子逐渐沉降下来,而气体沿水平方向继续前进,从而达到除尘的目的。

在重力除尘设备中,气体流动的速度越低,越有利于沉降细小的粉尘,提高除尘效率。因此,一般控制气体流动的速度为 $1 \sim 2 \text{ m/s}$,除尘效率为 $40\% \sim 60\%$。倘若速度太低,设备相对庞大,投资费用较高,也是不可取的。在气体流速基本固定的情况下,重力沉降器设计得越长,越有利于提高除尘效率。

2)旋风分离器的工作原理

含尘气体由旋风分离器圆筒部分的进气管沿切线方向进入,受器壁的约束而作向下的螺旋形运动。气体和尘粒同时受到惯性离心力作用,因尘粒的密度远大于气体的密度,所以尘粒所受到的惯性离心力远大于气体。在这个惯性离心力的作用下,尘粒在作向下旋转的运动的同时也作向外的径向运动,其结果是尘粒被甩向器壁与气体分离,然后在摩擦力和重力作用下沿器壁表面作向下的螺旋运动,最后落入锥底的排灰口内。含尘气体在作向下螺旋的运动的过程中逐渐被净化。在到达分离器的圆锥部分时,被净化了的气流由以靠近器壁的空间为范围的下行螺旋运动改为以中心轴附近的空间为范围的上行螺旋运动,最后由分离器顶部的排气管排出。下行螺旋在外,上行螺旋在内。图 6-8 描绘了气体在旋风分离器内的运动情况。

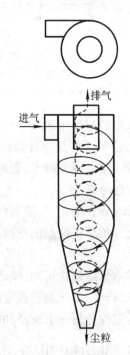

图 6-8　气体在旋风分离器内的运动情况

3)布袋过滤器的工作原理

含尘气体从风口进入灰斗后,气流折转向上涌入箱体,通过内部装有金属骨架的滤袋时,粉尘被阻留在滤袋的外表面。净化后的气体进入滤袋上部的清洁室汇集到出风管排出。

3. 实验装置

实验装置流程如图 6-9 所示。实验装置由重力沉降器、旋风分离器、布袋过滤器及风机等设备组成。含尘气体经过重力沉降器、旋风分离器、布袋过滤器后颗粒与气体分离,被净化的气体排入大气。

4. 实验步骤

①置旁路调节阀于全开状态,接通风机的电源,启动风机。

②逐渐关小流量调节阀,增大通过重力沉降器、旋风分离

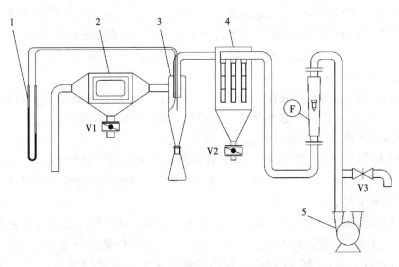

图6-9 非均相气固分离演示实验装置流程

1—U形管压差计 2—重力沉降器 3—旋风分离器 4—布袋过滤器 5—风机 F—流量计 V1～V3—阀门

器的风量,了解气体流量的变化趋势,记录转子流量计的读数。

③将空气流量调节阀调节到一定开度,将实验用的固体物料(玉米面、洗衣粉等)倒入容器中,在靠近物料进口处观察重力沉降器与旋风分离器中物料的运动情况。为了能在较长时间内连续观察到上述现象,可用手轻轻拍打容器,促使尘粒连续加入。虽然观察者实际看到的是尘粒的运动轨迹,但因尘粒沿器壁向下的螺旋运动是气流带动所致,所以完全可以由此推断出含尘气流和气体的流动路线。

④结束实验时先将流量调节阀全开,再切断风机的电源。若日后一段时间不使用该设备,应将集尘室清理干净。

5. **注意事项**

①开车或停车时,要先将流量调节阀置于全开状态,然后接通或切断风机的电源。

②旋风分离器的排灰管与集尘室的连接要严密,以免因内部呈负压漏入空气而使已分离下来的尘粒被吹起重新带走。

③实验时,若气体流量足够小,且固体粉粒比较潮湿,会产生固体粉粒沿着向下螺旋运动的轨迹黏附在器壁上的现象。若想去掉黏附在器壁上的粉粒,可加大进气流量,利用从含尘气体中分离出来的高速旋转的新粉粒将黏附在器壁上的粉粒冲刷掉。

6. **思考题**

①颗粒在旋风分离器内径向沉降的过程中,沉降速度是否为常数?

②离心沉降与重力沉降有何异同?

③评价旋风分离器的主要指标是什么?影响其性能的因素有哪些?

6.1.6 热电偶特性演示实验

1. **实验目的**

理解热电偶及补偿导线的基本特性。

2. **实验原理**

热电偶是利用热电效应来测量温度的。热电效应是把两种不同的导体或半导体连接成

136

闭合回路,如果将它们的两个接点分别置于温度为 t 及 $t_0(t>t_0)$ 的热源中,则回路内会产生热电动势(简称热电势)。由于两接点处温度不同,就产生了两个大小不同、方向相反的热电势 $e_{AB}(t)$ 和 $e_{AB}(t_0)$。在此闭合回路中,总热电势 $E_{AB}(t,t_0)$ 表示如下:

$$E_{AB}(t,t_0) = e_{AB}(t) - e_{AB}(t_0)$$

当热电偶材质一定时,热电势 $E_{AB}(t,t_0)$ 是接点温度 t 和 t_0 的函数差。如果冷端温度 t_0 保持不变,热电势 $E_{AB}(t,t_0)$ 就成为温度 t 的单值函数,这样只要测出热电势的大小,就能判断测温点温度的高低。这就是热电偶测温的基本原理。

热电偶 AB 产生的热电势与 A、B 材料的中间温度无关,只与接点温度有关。在热电偶回路的任意处接入材质均匀的第三种金属导线,只要此导线两端的温度相同,则其接入不会影响热电偶的热电势。

利用热电偶测温时,有时需要接入适当的补偿导线。补偿导线的特点是在 $0 \sim 100$ ℃范围内具有与所要连接的热电极相同的热电性能;是价格比较低廉的金属。连接补偿导线时应注意检查极性(补偿导线的正极应连接热电偶的正极),如果极性连接不对,测量误差会很大。

3. 实验装置

本实验装置中各号线路及热电势的输出端均表示和安装在一块有机玻璃板(温度测量实验面板)上,如图 6-10 所示。数字式毫伏计的输入端可与各号线路热电势的输出端相连,以显示各号线路的热电势 $E(\text{mV})$。实验时热电偶的热端(束)置于恒温器中,冷端(束)置于冰水保温桶中。

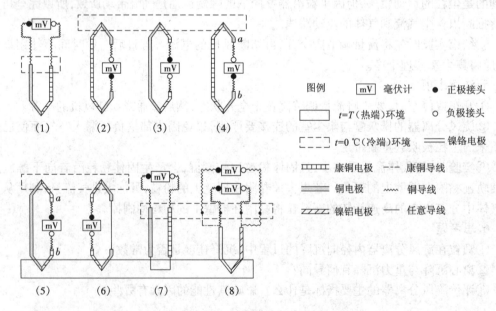

图 6-10　温度测量实验面板

(1)号 ~ (8)号测温线路简介:(1)号线路,第三导线加在两个热电极的冷端之间;(2)号线路,第三导线加在铜电极中间;(3)号线路,第三导线加在康铜电极中间;(4)号线路,在铜电极与输出端之间引入第三导线(铜导线),a 与 b 点是铜电极与铜导线的结合点;(5)号线路,在康铜电极与输出端之间引入第三导线(铜导线),a 与 b 点是康铜电极与铜导线的结合点;(6)号线路,在铜电极、康铜电极之间同时引入任意导线;(7)号线路,开路型线路,其冷端与热端均不直接相连,而由任意导线相连,例如测量熔融的液态金属的温度时,将两个热电极的热端同时插入熔融的金属液中,只要两点温度相等,就可以测出与之相对应的热电势,线路图中的铁导线即可理解为熔融的金属液;(8)号线路使用铜—康铜热电偶作为镍铬—镍硅热电偶的补偿导线,其接法为镍铬电极与铜电极相连、镍硅电极与康铜电极相连,镍铬电极与康铜电极相连、镍硅电极与铜电极相连。

铜—康铜热电偶的热电势与温度的关系在 0 ~ 100 ℃ 的范围内可以近似表示为
$$T(℃) = 1.270\ 5 + 23.518\ E(mV)$$

4. 实验步骤

①检查恒温器的水位是否合理,保温桶里的冰水是否足够(不应只是在水面上浮有一些冰块,而应上、下均有冰块)。

②将热端(束)置于室温下的空气中,将冷端(束)置于冰水保温桶中(中间),进行较充分的热平衡(需 5 ~ 10 min)。

③将数字式毫伏计的输入夹"短路"并接通电源预热 3 ~ 5 min 后,观察一下数字式毫伏计的"零点"示值。

④测量热端温度为室温时各号线路的热电势,对所测结果作分析比较(测量时保持(4)号线路中 a 与 b 点的温度相等)。

⑤将热端(束)置于温度为 30 ~ 90 ℃ 的恒温器中,进行较充分的热平衡(需 5 ~ 10 min),测量各号线路的热电势(测量过程中保持 a 和 b 点的温度相等),对所测结果作比较分析。

⑥保持其他操作条件不变,对(4)号、(5)号线路的 a 点或 b 点用电热吹风机加热,观测由于热电偶测温回路中第三导线两端的温度不同而对输出端热电势产生的影响,并作简单说明。

⑦实验结束后切断恒温器的电源,将热端(束)从恒温器中轻轻取出并置于室温环境中,将冷端(束)轻轻取出也置于室温环境中。

5. 注意事项

①恒温器最好使用蒸馏水或去离子水。

②在实验过程(升温)中,当温度升到设定值时,应将恒温器的主加热器关掉以保证恒温的精度。

③热电偶的热端(束)和冷端(束)不应长期浸泡在水中,一旦实验结束或较长时间不用,应将其从水中抽出,置于空气中自然干燥。

6. 思考题

①第三导线对热电偶测温结果没有影响的条件是什么?

②为什么热电偶可以采用热端开路型线路?

③补偿导线与第三导线有何区别?

6.1.7　测温仪表标定实验

1. 实验目的

①了解热电偶温度计、热电阻温度计的结构,加深对热电偶温度计、热电阻温度计测温

原理的理解。

②掌握温度测量仪表的标定方法。

③应用比较法求得被校验的热电偶的电势与温度的关系曲线。

④应用比较法求得被校验的热电阻的电阻与温度的关系曲线。

2. 实验原理

热电偶温度计是根据热电效应来测量温度的。A、B 为两种不同材料的金属导体,若将两个导体的两端焊接在一起,并将两个接点分别放在温度不同(t 和 t_0)的环境中,在这个闭合回路中会产生一个热电势 $E_{AB}(t, t_0)$。当 A、B 的材料确定后,若一端温度 t_0 保持不变,热电势 $E_{AB}(t, t_0)$ 就成为另一端温度 t 的单值函数。若 t 是被测温度,只要测出热电势的大小就能判断测点温度的高低。

热电阻温度计是利用金属导体的电阻值随温度变化而变化的特性来进行温度测量的。在一定温度范围内,电阻与温度呈线性关系,即

$$R_t = R_0 [1 + \alpha(t - t_0)]$$

$$\Delta R_t = \alpha R_0 (t - t_0)$$

式中　R_t, R_0——分别为温度为 t 和 t_0 时的热电阻,Ω;

　　　　α——电阻的温度系数,$1/^\circ\text{C}$;

　　　　ΔR_t——电阻值的变化量,Ω。

由于温度的变化导致了金属导体电阻的变化,只要设法测出电阻值的变化,就可达到测量温度的目的。

3. 实验装置

采用标准温度计标定热电偶的实验装置见图 6-11,标定热电阻的实验装置见图 6-12。

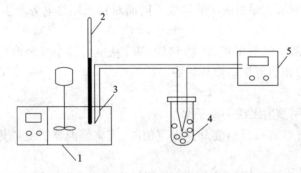

图 6-11　热电偶标定实验装置

1—超级恒温水浴　2—标准水银温度计　3—待标定热电偶　4—冰桶　5—数字电压表

4. 实验步骤

1)热电偶标定实验

①开启超级恒温水浴的电源开关、搅拌马达开关和电加热开关调节器,设定超级恒温水浴的温度为标定温度范围的最低值。

②将使用温度与超级恒温水浴的设定温度相适宜的标准水银温度计和待标定的热电偶绑在一起,使热电偶的热端与标准温度计的感温端紧密接触。

③将标准水银温度计和待标定的热电偶放进超级恒温水浴中,待超级恒温水浴的温度

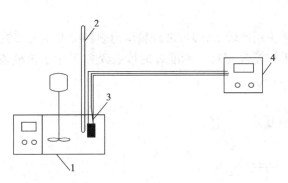

图 6-12　热电阻标定实验装置

1—超级恒温水浴　2—标准水银温度计　3—待测热电阻　4—电阻测量仪表

和热电偶的输出热电势恒定后,记录温度和热电势。

④改变超级恒温水浴的设定温度,待温度恒定后,记录温度和热电势,获得热电偶的标定曲线。

⑤实验结束,将一切复原。

2)热电阻标定实验

①开启超级恒温水浴的电源开关、搅拌马达开关和电加热开关调节器,设定超级恒温水浴的温度为标定温度范围的最低值。

②将使用温度与超级恒温水浴的设定温度相适宜的标准水银温度计和待标定的热电阻绑在一起,使热电阻的热端与标准温度计的感温端紧密接触。

③将标准水银温度计和待标定的热电阻放进超级恒温水浴中,采用测量精度为 0.005 Ω 的精密电阻测量仪表测定被标定热电阻的阻值,待超级恒温水浴的温度和热电阻的阻值恒定后,记录温度和热电阻的阻值。

④改变超级恒温水浴的设定温度,待温度恒定后,记录温度和热电阻的阻值,获得热电阻的阻值—温度标定曲线。

⑤实验结束,将一切复原。

5. 注意事项

①如标定温度范围较宽,一支标准温度计的量程将不能满足实验需要,要联合使用几支量程不同的标准温度计,不要忘记根据标定温度的变化选用合适的标准温度计。

②如标定温度范围大于 95 ℃,应选用超级恒温油浴。

6. 思考题

①在测温仪表标定过程中,为什么要恒温一定时间才能读取数据? 恒温时间如何确定?

②如何标定测温仪表的动态特性?

6.1.8　测压仪表标定实验

1. 实验目的

①了解弹簧管压力表的基本结构和工作原理。

②熟悉活塞式压力计的基本结构、工作原理及使用方法。

③掌握弹簧管压力表的校验、标定方法。

2. 实验原理

测压仪表的标定常采用比较法,即对被校验压力表和标准压力表施以相同的压力,比较两表的指示数值。如果被校表相对于标准表的读数误差不大于被校表规定的最大允许误差,则认为该表合格。

3. 实验装置

实验装置如图 6-13 所示。

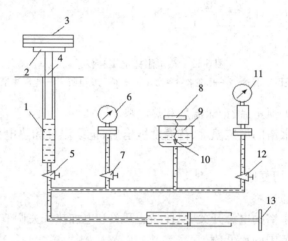

图 6-13　测压仪表标定实验装置示意
1—活塞筒　2—托盘　3—砝码　4—活塞　5,7,12—切断阀　6—标准压力表
8—进油阀手轮　9—储油杯　10—进油阀　11—被校压力表或压力传感器　13—油泵手轮

4. 实验步骤

①利用调整螺钉校准活塞式压力计水平,使水平仪的气泡位于中间位置。

②给活塞式压力表充变压器油,装上被校压力表后进行排气。关闭通向活塞盘的切断阀 5,打开储油杯的进油阀,逆时针旋转油泵手轮,将油吸入油泵内。再顺时针旋转油泵手轮,将油压入储油杯。观察是否有小气泡从储油杯中升起,反复操作,直到不出现小气泡时,将油泵手轮左旋到极限位置,关闭储油杯的进油阀。打开标准压力表和被校压力表(或压力传感器)的切断阀。注意切断阀不要打开太大,以防漏油。开始校验前打开通向活塞盘的切断阀。

③顺时针旋转油泵手轮,使油压逐渐上升至 0.1 MPa。如果使用砝码,在托盘上加上相应压力的砝码,使油压上升直到托盘逐渐抬起,到规定高度(活塞筒上有标志线)时停止加压,轻轻转动托盘,读取标准压力表和被校压力表的指示值。增加砝码时应不断转动手轮,以免托盘下降。

④继续加压到 0.2 MPa、0.3 MPa、0.4 MPa、0.5 MPa 等压力校验点,重复上述操作,直到满量程为止。

⑤逐渐减压,按上述步骤作下行程校验,记录被校验压力表的读数。

⑥如果被校验的压力表是压力传感器,卸下被校压力表,安装压力传感器,连接直流电源、电流表以及电路,并调试好。

⑦按照压力表校验步骤进行操作,并记录好实验数据。

⑧打开储油杯,卸去全部砝码,将一切复原。

5. 思考题

①列出被校压力表和标准压力表的读数,确定压力表的最大引用误差及精确度等级。

②根据所测数据确定压力表的回差。

③画出压力传感器电流与标准压力表数值之间的关系曲线。

④若校验系统排气不净,会对校验过程产生什么影响?

6.2　化工原理选修实验

6.2.1　多相搅拌实验

搅拌是重要的化工单元操作之一,常用于互溶液体的混合、不互溶液体的分散和接触、气液接触、固体颗粒在液体中的悬浮、强化传热及化学反应等过程,搅拌聚合釜是高分子化工生产的核心设备。

1. 实验目的

①掌握搅拌功率曲线的测定方法。

②了解影响搅拌功率的因素及其关联方法。

2. 实验原理

搅拌过程要输入能量才能达到混合的目的,即通过搅拌器把能量输入被搅拌的流体中。因此搅拌釜内单位体积流体的能耗成为判断搅拌过程好坏的依据之一。

由于搅拌釜内的液体运动状态十分复杂,搅拌功率目前尚不能由理论得出,只能通过实验获得它和多个变量之间的关系,以此作为搅拌操作放大过程中确定搅拌规律的依据。

液体的搅拌功率可表达为下列诸变量的函数:

$$N = f(K, n, d, \rho, \mu, g, \cdots)$$

式中　N——搅拌功率,W;

　　　K——无量纲系数,与系统的几何构形有关;

　　　n——搅拌转速,r/s;

　　　d——搅拌器直径,m;

　　　ρ——流体密度,kg/m³;

　　　μ——流体黏度,Pa·s;

　　　g——重力加速度,m/s²。

由量纲分析法可得关联式

$$\frac{N}{\rho n^3 d^5} = K \left(\frac{d^2 n \rho}{\mu} \right)^x \left(\frac{n^2 d}{g} \right)^y \tag{6-1}$$

令 $\dfrac{N}{\rho n^3 d^5} = N_p$, N_p 称为功率无量纲数;$\dfrac{d^2 n \rho}{\mu} = Re$,$Re$ 称为搅拌雷诺数;$\dfrac{n^2 d}{g} = Fr$,Fr 称为搅拌弗鲁德数。则

$$N_p = K Re^x Fr^y \tag{6-2}$$

令 $\phi = \dfrac{N_p}{Fr^y}$,ϕ 称为功率因数,则

$$\phi = KRe^x \tag{6-3}$$

对于不打旋的系统,重力影响极小,可忽略 Fr 的影响,即 $y = 0$。则

$$\varphi = N_p = KRe^x \tag{6-4}$$

可在对数坐标纸上标绘出 N_p 与 Re 的关系。

在本实验中,搅拌功率采用下式计算:

$$N = 2\pi n T_m \tag{6-5}$$

式中　T_m——扭矩,N·m;

　　　n——搅拌电机的转速,r/s。

3. 实验装置

实验装置流程如图 6-14 所示。本实验使用的是标准搅拌槽,其直径为 280 mm;搅拌桨为六片平直叶圆盘涡轮。实验物系采用的是羧甲基纤维素钠(CMC-Na)的水溶液和空气。

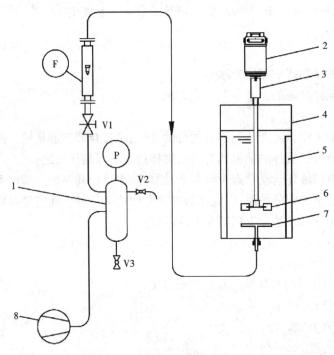

图 6-14　多相搅拌实验装置流程

1—缓冲罐　2—搅拌电机　3—扭矩传感器　4—搅拌槽　5—可拆卸挡板
6—搅拌器　7—气体分布器　8—压缩机　F—流量计　P—压力表　V1、V2、V3—阀门

4. 实验步骤

①测定 CMC-Na 溶液的搅拌功率曲线。打开总电源,各数字仪表显示"0"。打开搅拌调速开关,慢慢转动调速旋钮,电机开始转动。在转速为 250 ~ 600 r/min 之间取 10 ~ 12 个点进行测试(实验中适宜转速的选择:低转速时搅拌器的转动要均匀;高转速时以流体不出现旋涡为宜)。每调一个转速,待显示数据基本稳定后方可读数。同时注意观察流型及搅拌情况。每调一个转速,记录一次扭矩、电机转速(r/min)的数据。

②测定气液的搅拌功率曲线。每套均以空气压缩机为供气系统,用每套的气体流量计调节相同的空气流量输入搅拌槽内,并记录每一转速下的液面高度,其余操作同上。

③实验结束时一定要先把调速降为"0",方可关闭搅拌调速开关。

④在实验过程中每组均需测定搅拌槽内流体的黏度。

5. 实验报告

①将实验数据整理在数据表中。

②将几套装置的数据放在一起,在对数坐标纸上标绘 N_p—Re 曲线,几条曲线作在同一张坐标纸上。

6. 思考题

①搅拌功率曲线对几何相似的搅拌装置通用吗?

②试说明测定 N_p—Re 曲线的实际意义。

6.2.2　多功能膜分离实验

1. 实验目的

①了解和掌握超滤、纳滤、反渗透膜分离技术的基本原理。

②了解多功能膜分离制纯净水的流程、设备组成和结构特点,并练习操作。

③通过测定纳滤和反渗透膜分离技术所制备的纯净水的电导率,分析比较出这两种膜分离技术的优劣。

④采用超滤膜分离水中的 PEG10000,测定实验用膜的渗透通量和 PEG10000 的截留率。

2. 实验原理

膜分离是近年来发展起来的新的分离技术,已被广泛应用于生物工程、食品、医药、化工等工业生产以及水处理等各个领域。在膜分离过程中,以对组分具有选择透过功能的膜为分离介质,通过在膜两侧施加某种推动力(如压力差、浓度差、电位差等),使原料中的某种组分选择性地优先透过膜,实现双组分或多组分的溶质与溶剂的分离,从而实现混合物的分离。

工业化的膜分离过程有许多种,其中微滤、超滤、纳滤和反渗透都是以压力差为推动力的膜分离过程。这几种膜分离过程可用于稀溶液的浓缩或净化,其原理是在压力的驱动下,使一部分溶剂及小于膜孔的组分透过膜,大于膜孔的微粒、大分子、盐被膜截留下来,从而达到分离的目的。它们的主要区别在于所采用的膜的结构与性能及被分离粒子或分子的大小不同。微滤是利用孔径为 0.1～10 μm 的膜的筛分作用,将细菌、污染物等微粒从悬浮液或气体中除去的过程,操作过程的压差一般为 0.05～0.20 MPa。超滤是利用孔径为 1～100 nm 的膜的筛分作用,使大分子溶质或细微粒子从溶液中分离出来,操作的跨膜压差为 0.3～1.0 MPa。反渗透是利用孔径小于 1 nm 的膜通过优先吸附和毛细管流动等作用选择性透过溶剂(通常是水)的性质,使溶液中分子量较小的溶质分离出来,如无机盐和葡萄糖、蔗糖等有机溶质,操作压差一般为 1～10 MPa。纳滤介于反渗透和超滤之间,一般用于分离分子量在 200 以上的物质,操作压差通常比反渗透低,一般在 0.5～2.5 MPa。

膜的分离特性一般用分离效率和渗透通量等指标来描述。

1)分离效率

在微滤、超滤、纳滤和反渗透过程中,脱除溶液中的蛋白质分子、糖、盐等的分离效率可用脱除率或截留率(R)表示,定义为

$$R = \frac{c_b - c_p}{c_b} \times 100\% \qquad (6\text{-}6)$$

式中　R——截留率；

　　　c_b——原料液的初始浓度；

　　　c_p——透过液的浓度。

2）渗透通量

膜的渗透通量通常用单位时间内通过单位膜面积的透过液的体积 J_w 表示，即

$$J_w = \frac{V}{St} \qquad (6\text{-}7)$$

式中　J_w——渗透通量，L/($m^2 \cdot h$)；

　　　V——透过液的体积，L；

　　　t——运行时间，h；

　　　S——膜的有效面积，m^2。

3）膜污染的防止

膜污染是指待处理物料中的微粒、胶体粒子或溶质大分子与膜发生物化作用或机械作用，吸附、沉积在膜表面或膜孔内，造成膜孔径变小或堵塞，从而使膜产生通量下降、分离效率降低等不可逆变化。

膜污染可分为两大类。一类是可逆膜污染，比如浓差极化，可通过流体力学条件的优化以及回收率的控制来减轻和改善。另一类为不可逆膜污染，是通常所说的膜污染，这类污染可由膜表面的电性及吸附引起或由膜表面孔隙的机械堵塞引起。这类污染目前尚无有效的措施进行改善，只能靠水的预处理或通过抗污染膜的研制及使用来延缓其污染速度。

一旦料液与膜接触，膜污染即开始。膜污染对膜性能的影响相当大，渗透通量与初始纯水相比，可降低 20% ~ 40%，污染严重时能使通量下降 80% 以上。膜污染不仅降低了膜的性能，而且也缩短了膜的使用寿命。因此，必须采取相应的措施延缓膜污染的进程，如及时对膜进行清洗，包括物理清洗、化学清洗。清洗剂的选择取决于污染物的类型和膜材料的性质。

3. 实验装置

实验装置如图 6-15 所示，由精密过滤器、石英砂滤器、超滤膜、纳滤膜、反渗透膜、高低压离心泵和原料、产品水箱等组成，用电导仪测定原料水和产品水的电导率，用转子流量计测定流体的流量。所用的超滤膜、纳滤膜、反渗透膜型号分别为 UF - 4040、NF - 90、LP - 21 - 4040。

1）超滤膜分离水中的 PEG10000

往原料水中加入一定浓度的聚乙二醇，经过流量计计量进入两个并联的超滤膜，经过滤后分别进入中间水箱和原料箱中。

2）高压反渗透膜或纳滤膜制高纯水

原料水箱装满的自来水经低压离心泵并通过精密过滤器、砂滤和超滤装置后流到中间水箱，中间水箱内的水经过高压离心泵进入反渗透或纳滤装置进行过滤，过滤后测量电导并流入产品水箱。

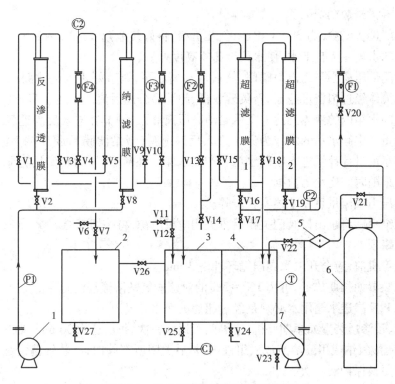

图 6-15　多功能膜分离实验装置流程

1—高压泵　2—产品水箱　3—中间水箱　4—原料水箱　5—微型过滤器　6—砂滤罐　7—离心泵
F1～F4—流量计　C1—原水电导仪　C2—滤过液电导率　T—原料液温度计　P1—高压泵压力表
P2—超滤膜入口压力表　V1～V27——阀门

4．实验步骤

1）超滤膜分离水中的 PEG10000

①配制浓度为 0.1%（质量分数）的 PEG10000 水溶液，用逐步稀释法配制不同浓度的溶液，以蒸馏水为空白参比，用 722 型分光光度计测量不同浓度的溶液在 535 nm 处的光密度，制成标准曲线，供分析用。

②将配制的 PEG10000 料液加入原料料槽中，记录其体积。用移液管取 5 mL 料液放入容量瓶（50 mL）中，稀释至 50 mL 后，用分光光度计测定料液的初始浓度。

③启动低压离心泵，将预先配制的 PEG10000 料液在 0.05 MPa 和室温下进行超滤。每隔 2 min 记录一次渗透液的流量；运转 40 min 后在透过液出口端用 100 mL 的烧杯接取透过液约 50 mL，然后用移液管从烧杯中取 10 mL 透过液放入另一个容量瓶中，用分光光度计测定其浓度，烧杯中剩余的透过液全部倒入原料料槽中，混匀。

④改变流量，再进行几个不同流量的实验，数据测取完毕后停泵。

⑤待超滤组件中的 PEG10000 溶液放净之后，用自来水代替料液在较大流量下运转 20 min 左右，清洗组件中残余的 PEG10000 溶液。

⑥将仪器清洗干净，放在指定位置；切断分光光度计的电源。

⑦加保护液。如果 10 h 以上不使用超滤组件，须加入保护液至组件的 1/2 高度。然后密闭系统，避免保护液损失。

2)高压反渗透膜(或纳滤膜)制高纯水

①连接好设备电源(为 380 V 电源,三相五线,良好接地)。

②将原料水箱注入自来水,使水位至 3/4 高度处。

③先关闭低压离心泵的出口阀门,然后启动离心泵,调节好进入超滤膜(或纳滤膜)的液体流量。流体经过精密过滤器、石英砂滤器、超滤膜分离后流入中间水箱。

④待中间水箱内的液体到达 1/2 后启动高压离心泵,调节好进入反渗透膜(或纳滤膜)的压力和流量。中间水箱的水作为原水进入反渗透膜(或纳滤膜),膜顶端为浓水和纯水,分别经过转子流量计计量进入中间水箱和产品水箱。在流量、压力稳定后记录原水电导率和淡水电导率随时间变化的数据。

⑤改变压力或流量重复上述实验步骤。

⑥实验结束后将泵出口阀门关闭后再关闭电机电源,将一切复原。

5. 注意事项

①系统停机前,应全开浓水阀门循环冲洗 3 min。

②超滤装置如长期放置,可用 1% ~3% 的亚硫酸氢钠溶液浸泡封存。

③纳滤和反渗透水箱用水必须是经过超滤的净水。

④纳滤、反渗透装置如短期停机,应隔两天通水一次,每次通水 30 min;如长期停机应采用 1% 的亚硫酸氢钠或甲醛溶液注入组件内,然后关闭所有阀门,严禁细菌侵蚀膜组件。三个月以上应更换保护液一次。

6. 实验报告

①计算不同操作条件下的脱盐率、回收率和水通量,比较操作条件(操作压力和流量)对纳滤或反渗透分离性能的影响。

②对纳滤膜和反渗透膜制备纯水的分离效率进行比较。

③计算出 PEG10000 的截留率,比较原料流量对超滤性能的影响。

④计算超滤的渗透通量,并对时间作图,分析渗透通量随时间的变化情况。

7. 思考题

①试论述超滤、纳滤、反渗透膜分离的机理,比较三种膜分离的优缺点。

②在进行超滤实验时,如果操作压力过高或流量过大会有什么结果? 提高料液的温度进行超滤会有什么影响?

③超滤组件中加保护液的意义是什么?

④阅读文献,回答什么是浓差极化? 有什么危害? 有哪些消除方法?

6.2.3 渗透蒸发膜分离实验

渗透蒸发(渗透汽化)是有相变的膜渗透过程。渗透蒸发是在膜的下游侧减压,液体混合物在膜两侧蒸气压差的推动下,首先选择性地溶解在膜表面的料液中,再扩散透过膜,最后在膜的透过侧表面汽化、解吸。渗透蒸发可使含量极低的溶质透过膜,达到与大量溶剂分离的目的。显然,用渗透蒸发技术分离液体混合物,特别是恒沸物、近沸物,具有过程简单、操作方便、效率高、能耗低和无污染等优点。

1. 实验目的

①理解渗透蒸发的分离原理。

②掌握渗透蒸发分离乙醇—水的操作方法。

③研究影响渗透蒸发分离性能的主要因素及其影响规律。

2. 实验原理

当液体混合物在高分子膜表面流动时,膜中的官能团会对混合物中的组分产生吸附作用,使组分进入膜表面(此步骤称为溶解过程)。在膜的另一侧抽真空,在浓度梯度的作用下,组分透过膜从料液侧迁移到真空侧(该步骤称为扩散过程)。解吸并冷凝即得到透过产品,不能透过膜的截留物从膜的上游侧流出分离器。整个传质过程中渗透组分在膜中溶解和扩散占重要地位,而透过侧的蒸发传质阻力相对要小得多,通常可以忽略不计,因此该过程主要受溶解及扩散步骤控制。

由于不同组分在膜中溶解和扩散的速度不同,使得优先透过组分在真空侧得到富集,难透过组分在料液侧得到富集。

衡量渗透蒸发过程的主要指标是分离因子 α 和渗透通量 J。分离因子定义为两组分在透过液中的组成比与在原料液中的组成比的比值,它反映了膜对组分的选择透过性。渗透通量定义为单位膜面积上单位时间内透过的组分质量,它反映了组分透过膜的速率。分离因子与渗透通量的计算公式为

$$\alpha = \frac{Y_A / Y_B}{X_A / X_B}$$

$$J = \frac{m}{S\Delta t}$$

式中 α——分离因子;

$\quad\quad J$——渗透通量,$kg/(m^2 \cdot min)$;

$\quad\quad Y_A, Y_B$——透过液中 A、B 组分的浓度;

$\quad\quad X_A, X_B$——原料液中 A、B 组分的浓度;

$\quad\quad m$——透过液的质量,kg;

$\quad\quad S$——膜面积,m^2;

$\quad\quad \Delta t$——操作时间,min。

3. 实验装置

实验装置流程如图 6-16 所示。装置主要由原料罐、加料泵、膜组件、取样瓶、渗透液收集装置、缓冲罐及真空泵等组成。

本实验装置的膜组件有效面积为 3 846 mm^2,透过侧的真空由真空泵抽吸形成,最小压力可达到绝压 2 kPa,膜室的操作温度为室温至 90 ℃。

4. 实验步骤

①在原料罐中配制一定浓度的原料液(本实验采用95%的酒精),使液面达到液位计的2/3 高度以上,以免电加热器干烧损坏;将膜装入膜室,拧紧螺栓;调整料液温度至适当值,开启料液加热器,打开加料泵,开始循环料液,使料液温度和浓度趋于均匀。

②将渗透液收集管用电子天平称重(质量为 m_1)后,装入冷阱中,再安装到管路上,打开真空管路并检漏。

③当料液温度恒定后,开启真空泵,打开真空管路阀门,观察系统的真空情况;待真空管路的压力达到预定值后,装上液氮冷却装置,开始进行渗透蒸发实验,同时读取开始时间、料

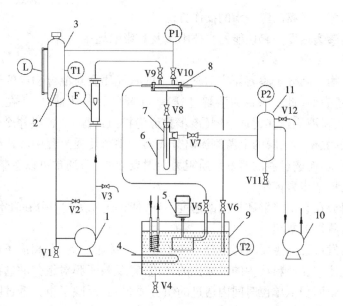

图6-16 渗透蒸发膜分离实验装置流程示意

1—加料泵 2—加热器 3—原料罐 4—加热器 5—电机 6—冰盐水冷阱 7—渗透液收集管
8—膜组件 9—恒温器 10—真空泵 11—缓冲罐 V1～V12—阀门 F—流量计
L—液位计 P1—压力表 P2—真空表 T1、T2—温度计

液温度、渗透侧压力、料液流量等数据。

④达到预定的实验时间后,关掉真空泵,立即取下冷凝管,塞好塞子(质量为 m_2),放在室温下,待产品融化后擦净冷凝管外壁上的冷凝小水滴,称重(质量为 m_3)。实验结束后,用气相色谱法检测原料液浓度(X_A)和透过液浓度(Y_A)。

⑤打开真空泵前的缓冲罐的放净阀,关闭真空泵,关闭进料泵,结束实验。

5. 实验报告

比较不同进料温度、进料组成、膜下游侧真空度等对膜分离性能的影响,并对结果进行分析。

6. 思考题

①为什么一定要加热料液?

②比较渗透汽化与精馏的优缺点。

6.2.4 反应精馏实验

反应精馏是精馏技术中的一个特殊领域。在其操作过程中,化学反应与分离同时进行,故能显著提高总体转化率,降低能耗。此法在酯化、醚化、酯交换、水解等化工生产中得到应用,而且越来越显示出其优越性。

1. 实验目的

①掌握反应精馏的操作。

②能进行全塔物料衡算和塔操作的过程分析。

③了解反应精馏与常规精馏的区别。

2. 实验原理

反应精馏过程不同于一般精馏,精馏与化学反应同时存在,相互影响,使过程更加复杂。反应精馏对下列两种情况特别适用。①可逆平衡反应。一般情况下,反应受平衡影响,转化率很难维持在平衡转化的水平;但是,若生成物中有低沸点或高沸点物质存在,则精馏过程可使生成物连续地从系统中排出,使反应的转化率超过平衡转化率,大大提高了效率。②异构体混合物的分离。通常它们的沸点接近,靠精馏的方法不易分离提纯,若异构体中的某组分能发生化学反应并生成沸点不同的物质,可得以分离。

醇酸酯化反应属于第一种情况。但该反应若无催化剂存在,采用反应精馏操作达不到高效分离的目的,因为反应速度非常缓慢,故一般采用催化反应的方式。酸是有效的催化剂,常用硫酸。反应随硫酸浓度增高而加快,浓度在 $0.2\% \sim 1.0\%$(质量分数)。此外,还可用离子交换树脂、重金属盐类和丝光沸石分子筛等固体催化反应,但应用固体催化剂存在一个最适宜的温度,精馏塔难以达到此条件,故很难实现最优化操作。本实验是以醋酸和乙醇为原料,在酸催化剂作用下生成醋酸乙酯的可逆反应。反应的化学方程式为

$$CH_3COOH + C_2H_5OH \rightleftharpoons CH_3COOC_2H_5 + H_2O$$

实验的进料有两种方式:一种是直接从塔釜进料;另一种是从塔的某处进料。前者有间歇和连续式操作;后者只有连续式操作。本实验采用后一种方式进料,即在塔上部某处加带有酸催化剂的醋酸,在塔下部某处加乙醇。在塔釜沸腾的状态下塔内的轻组分逐渐向上移动,重组分逐渐向下移动。具体地说,醋酸从上段向下段移动,与向上段移动的乙醇接触,在不同填料高度上均发生反应,生成酯和水。塔内此时有 4 个组分,由于醋酸在气相中有缔合作用,除醋酸外,其他 3 个组分形成三元或二元共沸物。水—酯、水—醇共沸物沸点较低,醇和酯能不断地从塔顶排出。若控制反应原料的比例,可使某组分全部转化。因此,可认为反应精馏的分离塔是反应器。反应过程进行的情况由反应的转化率和醋酸乙酯的收率来衡量,其计算式为

$$转化率 = \frac{醋酸加料量 + 釜内原醋酸量 - 馏出醋酸量 - 釜残醋酸量}{醋酸加料量 + 釜内原醋酸量}$$

3. 实验装置

实验装置如图 6-17 所示。反应精馏塔用玻璃制成,直径 20 mm,高 1 500 mm,塔内填装 $\phi 3 \text{ mm} \times 3 \text{ mm}$ 的不锈钢 θ 网环形填料。塔釜为内热自循环玻璃釜,容积 500 mL,塔外壁镀有金属膜,通电对塔身进行加热保温。

4. 实验步骤

①操作前往釜内加入 200 g 接近稳定操作组成的釜液,并分析其组成。检查进料系统的各管线是否连接正常。确认无误后将醋酸、乙醇注入计量管内(醋酸内含 0.3% 的硫酸),开动蠕动泵,待料液充满管路后停泵。

②开启加热釜系统,注意不要使电流过大,以免设备突然受热而损坏。待釜液沸腾后开启塔身保温电源,调节保温电流(注意:不能过大),开塔顶冷却水。

③当塔顶有液体出现时,全回流 $10 \sim 15$ min 后开始进料,一般可将回流比定在 $3:1$,酸醇分子比定在 $1:1.3$,乙醇进料速度定在 0.5 mol/h。

④进料后仔细观察塔底和塔顶的温度与压力,测量塔顶与塔釜的出料速度。记录所有数据,及时调节进出料,使之处于平衡状态。

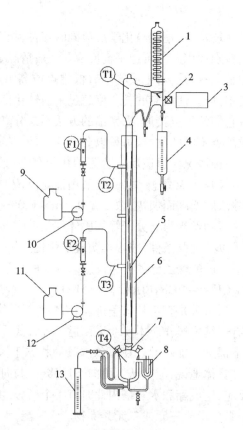

图6-17 反应精馏实验装置示意

全凝器 2—电磁铁 3—回流比控制器 4—馏出液收集器 5—填料塔 6—玻璃保温层 7—塔釜 8—电加热器
9—醋酸原料罐 10—醋酸进料泵 11—乙醇原料罐 12—乙醇进料泵 13—塔釜产品收集器
F1、F2—流量计 T1～T4—温度计

⑤稳定操作2 h,其间每隔30 min用小样品瓶取塔顶与塔釜馏出液,称重并分析组成。在稳定操作下用微量注射器从塔身不同高度的取样口取液样,直接注入色谱仪内,获得塔内组分的浓度分布曲线。

⑥如果时间允许,可改变回流比或改变进料摩尔比,重复操作,取样分析,并进行对比。

⑦实验完成后关闭加料泵,停止加热,让持液全部流至塔釜,取出釜液称重,分析组成,停止通冷却水。

5.实验报告

①计算出反应的转化率。

②画出塔内的浓度分布曲线并分析其影响因素。

六、思考题

①怎样提高酯化收率?

②不同回流比对产物分布的影响如何?

③进料摩尔比保持多少为佳?

6.2.5　共沸精馏实验

精馏是化工生产中常用的分离方法。对于不同的分离对象,精馏方法也有所差异。例如,分离乙醇和水的二元物系,由于乙醇和水可以形成共沸物,常压下的共沸温度和乙醇的沸点温度极为相近,所以采用普通精馏方法只能得到乙醇和水的混合物,而无法得到无水乙醇。因此,在乙醇—水系统中加入第三种物质,该物质被称为共沸剂。共沸剂具有能和被分离系统中的一种或几种物质形成最低共沸物的特性。在精馏过程中共沸剂将以共沸物的形式从塔顶蒸出,塔釜得到无水乙醇。这种方法称为共沸精馏。

1. 实验目的

①通过实验加深对共沸精馏过程的理解。

②熟悉精馏设备的构造,掌握共沸精馏的操作方法。

③能够对共沸精馏过程作全塔物料衡算。

2. 实验原理

乙醇—水系统加入共沸剂苯以后可以形成 4 种共沸物。现将它们在常压下的共沸温度、共沸组成列于表 6-1 中。

表 6-1　乙醇—水—苯三元体系的共沸性质

共沸物(简记)	共沸温度/℃	共沸组成/wt%		
		乙醇	水	苯
乙醇—水—苯(T)	64.9	18.5	7.4	74.1
乙醇—苯(ABz)	68.3	32.4	0.0	67.6
苯—水(BWz)	69.3	0.0	8.8	91.2
乙醇—水(AWz)	78.2	95.6	4.4	0.0

为了便于比较,将乙醇、水、苯 3 种纯物质常压下的沸点列于表 6-2 中。

表 6-2　乙醇、水、苯的常压沸点

物质名称(简记)	乙醇(A)	水(W)	苯(B)
沸点/℃	78.3	100.0	80.1

从表 6-1 和表 6-2 列出的沸点看,除乙醇—水二元共沸物的共沸温度与乙醇的沸点相近之外,其余 3 种共沸物的共沸温度与乙醇的沸点均有 10 ℃ 左右的温度差。因此,可以设法将水和苯以共沸物的形式从塔顶分离出来,塔釜得到无水乙醇。

整个精馏过程可以用图 6-18 来说明。A、B、W 分别为乙醇、苯和水的英文字头;ABz、AWz、BWz 代表二元共沸物,T 表示三元共沸物。曲线下方为两相区,上方为均相区。三元共沸物的组成点 T 在两相区内。

以 T 为中心,连接 3 种纯物质的组成点 A、B、W 及 3 个二元共沸物的组成点 ABz、AWz、BWz,图 6-18 分为 6 个小三角形。如果原料液的组成点落在某个小三角形内,当塔顶采用混相回流时,精馏最终只能得到这个小三角形的 3 个顶点所代表的物质。故要想得到无水乙醇,应该保证原料液的组成点落在包含顶点 A 的小三角形内,即在 $\triangle ATAB_z$ 或 $\triangle ATAW_z$ 内。从沸点看,乙醇—水的共沸温度和乙醇的沸点仅差 0.1 ℃,以本实验的技术条件无法将其分开。而乙醇—苯的共沸温度与乙醇的沸点相差 10.06 ℃,很容易将它们分离开。所以分析的最终结果是将原料液的组成点控制在 $\triangle ATAB_z$ 中。

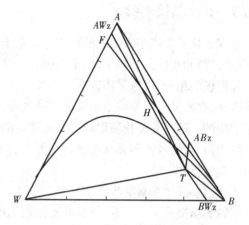

图 6-18 共沸精馏的原理

图 6-18 中 F 代表未加共沸剂时乙醇、水混合物的组成。随着共沸剂苯的加入,原料液的组成将沿着 FB 连线变化,与 AT 线交于 H 点,这时共沸剂苯的加入量称作理论共沸剂用量,它是达到分离目的所需的最少共沸剂量。

上述分析只适用于混相回流的情况,即回流液的组成等于塔顶上升蒸气组成的情况。塔顶采用分相回流时,由于富苯相中苯的含量很高,可以循环使用,因而苯的用量低于理论共沸剂用量。分相回流是实际生产中普遍采用的方法,它的突出优点是共沸剂用量少、共沸剂提纯的费用低。

3. 实验装置

实验装置如图 6-19 所示。本实验所用的精馏塔为 $\phi 20\ mm \times 2\ 000\ mm$ 的玻璃塔。内装 $\phi 3\ mm \times 3\ mm$ 的 θ 网环形高效散装填料,填料层高 1.5 m。塔釜为内热自循环玻璃釜,容积 500 mL,塔外壁镀有金属膜,通电对塔身进行加热保温。

塔釜加热沸腾产生的蒸气通过填料层到达塔顶的全凝器。为了满足不同操作方式的需要,在全凝器与回流管之间设置了一个构造特殊的容器。在分相回流时,它可以用作分相器兼回流比控制器;当混相回流时,它可以单纯地作为回流比控制器使用。这样的设计既实现了连续精馏操作,又可进行间歇精馏操作。在分相回流时,分相器中会出现两层液体,上层为富苯相、下层为富水相。实验中,富苯相由溢流口回流入塔,富水相采出。当间歇操作时,为了保证足够高的溢流液位,富水相可在实验结束后取出。

4. 实验步骤

①将 70 g 浓度为 95% 的乙醇溶液加入塔釜,再放入几粒沸石。

②若选用混相回流的操作方式,则按照实验原理部分讲到的共沸剂配比加入共沸剂。对间歇精馏,共沸剂全部加入塔釜;对连续精馏,最初的釜液浓度和进料浓度均应满足共沸剂配比的要求。

③若采用分相回流的操作方式,则共沸剂应分成两部分加入。一部分在精馏操作开始之前充满分相器;其余部分可随原料液进入塔内。但共沸剂用量应少于理论共沸剂用量,否则会降低乙醇的收率。

④上述准备工作完成之后,即可向全凝器中通入冷却水。打开电源开关,加热塔釜。

⑤为了使填料层具有均匀的温度梯度,可适当调节塔的上、下段保温,使塔处在正常操

作范围内。

⑥每隔 10 min 记录一次塔顶和塔釜的温度，每隔 20 min 用气相色谱仪分析一次塔顶馏出物和釜液的组成。

⑦对连续精馏操作，应选择适当的回流比（参考值为 10:1）和适当的进料流量（参考值为 100 mL/h）。还应保证塔顶为三元共沸物，塔釜为无水乙醇。

对间歇精馏操作，随着精馏过程的进行，塔釜液相组成不断变化，当浓度达到 99.5% 以上时，就可停止实验。

⑧将塔顶馏出物中的两相用分液漏斗分离，然后用气相色谱仪测出浓度值，最后将收集的富水相称重。

⑨用天平称出塔釜产品（包括釜液和塔釜出料两部分）的质量。

⑩切断设备的供电电源，关闭冷却水，结束实验。

5. 实验报告

①作全塔物料衡算，求出塔顶三元共沸物的组成。

②画出 25 ℃下乙醇—水—苯三元物系的溶解度曲线。在图上标明共沸物的组成点，画出加料线，并对精馏过程作简要说明。

6. 思考题

①如何计算共沸剂的加入量？

②需要测出哪些量才可以作全塔物料衡算？具体的衡算方法是什么？

③将计算出的三元共沸物的组成与文献值相比较，求出相对误差，并分析实验过程中产生误差的原因。

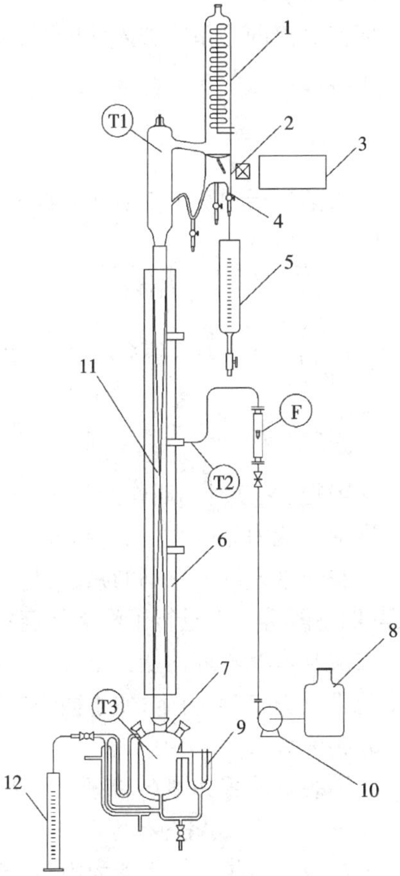

图 6-19　共沸精馏实验装置示意

1—全凝器　2—电磁铁　3—回流比控制器
4—分相器　5—馏出液收集器
6—玻璃保温层　7—塔釜
8—原料罐　9—电加热器　10—进料泵
11—保温填料塔　12—塔釜产品收集器
F—流量计　$T_1 \sim T_3$—温度计

6.2.6　萃取精馏实验

萃取精馏是向待分离的物系中加入萃取剂，萃取剂不与被分离物系的任一组分形成共沸物，但能改变原有物系组分间的相对挥发度，从而使近沸点混合物或共沸物得到有效分离的一种特殊的精馏技术。萃取精馏按操作形式可分为连续萃取精馏和间歇萃取精馏。由于萃取剂在塔内不挥发，故萃取精馏比共沸精馏能耗小，但设备比共沸精馏复杂。

1. 实验目的

了解萃取精馏的主要特点，向共沸物系（乙醇—水）中加入萃取剂乙二醇，进行萃取精馏，学会萃取精馏的操作。

2. 实验原理

向待分离的物系中加入萃取剂,由化工热力学可知,压力较低时,原溶液的相对挥发度可表示为

$$\alpha_{12} = \frac{p_1^0 \gamma_1}{p_2^0 \gamma_2} \tag{6-8}$$

加入溶剂后组分 1、2 的相对挥发度 $(\alpha_{12})_S$ 为

$$(\alpha_{12})_S = \left(\frac{p_1^0}{p_2^0}\right)_{TS} \frac{\gamma_1}{\gamma_2} \tag{6-9}$$

式中 $\left(\dfrac{p_1^0}{p_2^0}\right)_{TS}$ ——加入溶剂后在三元混合物的泡点温度下,组分 1、2 的饱和蒸气压之比;

$\dfrac{\gamma_1}{\gamma_2}$ ——加入溶剂后组分 1、2 的活度系数之比。

一般把 $(\alpha_{12})_S / \alpha_{12}$ 叫作溶剂 S 的选择性。溶剂的选择性是溶剂改变原有组分间相对挥发度数值的能力。$(\alpha_{12})_S / \alpha_{12}$ 越大,选择性越好。

乙醇—水系统萃取剂的筛选遵循从同物系中选择的原则。文献中对乙二醇、丙三醇、三甘醇、四甘醇等溶剂进行了汽液平衡数据的实验测定,得出乙二醇是选择性很好的溶剂。而且乙二醇与水及乙醇均能完全互溶,不致在塔板上引起分层,也不与乙醇或水形成共沸物或发生化学反应,容易再生,便于循环使用,且来源丰富,所以本实验选择乙二醇作为萃取剂。

3. 实验装置

实验装置流程如图 6-20 所示。本装置采用双塔流程,萃取精馏塔内径为 25 mm,填料高 1.4 m;溶剂回收塔内径为 25 mm,填料高 1.2 m;两精馏塔内装 ϕ2.5 mm×2.5 mm 的 θ 网环形高效散装填料。塔釜为内热自循环玻璃釜,容积 500 mL,塔外壁镀有金属膜,通电对塔身进行加热保温。

图 6-20 中塔 1 为萃取精馏塔,塔 2 为溶剂回收塔。A(乙醇)、B(水)两组分的混合物进入塔 1,向塔内加入溶剂 S(乙二醇),降低组分 B 的挥发度,使组分 A 变得易挥发。溶剂的沸点比被分离组分的沸点高,为了使塔内维持较高的溶剂浓度,溶剂加入口一定要位于进料板之上。在该塔顶得到组分 A,组分 B 与溶剂 S 由塔釜馏出。该塔的釜液进入塔 2,通过间歇精馏(也可用连续精馏)从塔顶蒸出组分 B 及其他易挥发组分,溶剂 S 留在塔釜。

4. 实验步骤

①在实验装置的原料罐中配好乙醇和水的混合液,在萃取剂原料罐内放入乙二醇。

②萃取精馏塔(塔 1)进行全回流操作。首先,向塔釜中加入其容积 2/3 的乙醇和水的混合液。然后,向塔顶冷凝器通入冷却水,接通塔釜加热器的电源,对再沸器进行加热,加热电压要缓慢升高,不要超过 200 V;当塔釜中的液体开始沸腾时,接通塔体保温的电源,电流在 0.2 A 左右;注意观察塔内的气液接触状况,并适当调整加热功率,让塔内维持正常的操作状态。

③萃取精馏塔(塔 1)进行部分回流操作。在上述全回流操作的基础上,将原料液通过蠕动计量泵从进料口加入塔内,原料液的流量为 4.0 mL/min;将乙二醇通过蠕动计量泵从塔顶处的进料口加入塔内,乙二醇的流量为 15 mL/min;用回流比控制器调节回流比为 4;用馏出液收集器收集馏出液;塔釜产品通过溢流管流出,收集在容器内。当塔顶温度稳定后,

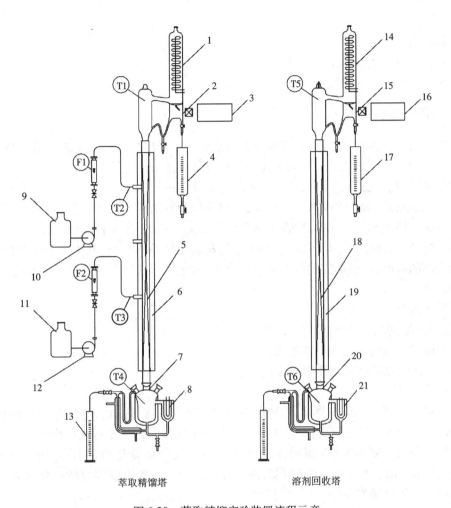

萃取精馏塔　　　　　　　　　溶剂回收塔

图 6-20　萃取精馏实验装置流程示意

1—全凝器　2—电磁铁　3—回流比控制器　4—馏出液收集器　5—填料塔　6—玻璃保温层　7—塔釜
8—电加热器　9—萃取剂原料罐　10—萃取剂进料泵　11—原料罐　12—原料进料泵　13—塔釜产品收集器
14—全凝器　15—电磁铁　16—回流比控制器　17—馏出液收集器　18—回收塔　19—玻璃保温层
20—塔釜　21—电加热器　F_1、F_2—流量计　$T_1 \sim T_6$—温度计

即可取塔顶样品,采用气相色谱仪进行分析。实验结束后停止加热、进料,当塔釜温度不太高时,关闭冷却水。

④溶剂(乙二醇)回收塔(塔2)的操作。将萃取精馏塔(塔1)的塔釜产品加入溶剂回收塔(塔2)的塔釜中,按照萃取精馏塔(塔1)的全回流操作方法进行操作。然后用回流比控制器调节回流比为4,用馏出液收集器收集塔顶馏出液,塔釜不出料。因为塔釜液中存在乙醇、水及乙二醇,因此塔顶、塔釜料液的温度是变化的。当塔釜温度达到189 ℃后可停止精馏操作,取塔釜样采用气相色谱仪进行分析。实验结束后停止加热,当塔釜温度不太高时,关闭冷却水。

5. 实验报告

①画出全回流条件下塔顶温度随时间的变化曲线。

②列出萃取精馏塔和溶剂回收塔的实验结果,并对实验结果随操作条件的变化作出

预测。

6.思考题
①选择萃取剂的基本条件是什么？
②萃取精馏操作的主要特点是什么？

6.2.7 溶液结晶实验

固体物质以晶体状态从溶液、熔融混合物或蒸气中析出的过程称为结晶,结晶是获得纯净固态物质的重要方法之一。与其他化工分离过程相比较,结晶过程的主要特点是:能从杂质含量很高的溶液或多组分熔融混合物中获得非常洁净的晶体产品;对于许多其他方法难以分离的混合物系,如共沸物系、同分异构体物系以及热敏性物系等,采用结晶分离往往更为有效;此外,结晶操作能耗低,对设备材质要求不高,一般亦很少有"三废"排放。

结晶可分为溶液结晶、熔融结晶、升华结晶及沉淀结晶四大类,其中溶液结晶是化学工业中最常用的结晶方法,本实验以粗硝酸钾为对象,采用溶液结晶的方法提纯硝酸钾,去掉氯化钠杂质。

1.实验目的
①加深对溶液结晶提纯原理的理解;
②了解结晶提纯工艺的基本方法;
③掌握提高结晶产品纯度和产率的方法。

2.实验原理
要获得颗粒较大的理想晶体,需要严格控制溶液蒸发或冷却的速度、晶种的数量、溶液的 pH 值、共存的杂质及其他相关条件等。溶液的过饱和度是结晶的主要推动力,硝酸钾在不同温度下的溶解度如表6-3所示,粗硝酸钾中的主要杂质氯化钠在不同温度下的溶解度如表6-4所示。由表6-3和表6-4可知,硝酸钾在水中的溶解度随温度的变化很大,而氯化钠在水中的溶解度基本不随温度的变化发生变化,因此可以采用结晶的方法将粗硝酸钾中的氯化钠除去。

表6-3 硝酸钾在水中的溶解度数据

温度/℃	溶解度/(g/L)	温度/℃	溶解度/(g/L)	温度/℃	溶解度/(g/L)
0	13.3	40	63.9	80	169.0
10	20.9	50	85.5	90	202.0
20	31.6	60	110	100	246.0
30	45.8	70	138		

表6-4 氯化钠在水中的溶解度数据

温度/℃	溶解度/(g/L)	温度/℃	溶解度/(g/L)	温度/℃	溶解度/(g/L)
0.15	35.68	25	35.96	75	37.83
10	35.68	40	36.42	100	39.50
20	35.86	50	36.80		

3.实验装置
实验装置如图6-21所示。本实验装置的结晶器为带导流筒的搅拌结晶釜,有效容积为

500 mL。温度控制器的控温精度为 0.1 ℃,可执行十段程序控温曲线。

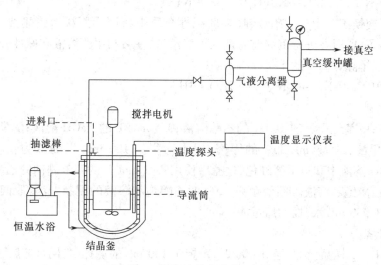

图 6-21　溶液结晶实验装置示意

4. 实验步骤

①向结晶釜中加入 200 g 蒸馏水,加热到 75 ℃,准确称取 270 g 粗硝酸钾(含氯化钠 0.1 g/g)加入结晶釜中,开启搅拌使其溶解。

②将搅拌速度控制在 200 r/min,设定降温速度为 0.5 ℃/min,从 80 ℃降温到室温,在室温下恒温 20 min。

③开启真空泵,调整真空度为 0.05 MPa,用抽滤棒抽滤,在结晶釜中得到结晶颗粒,将结晶颗粒取出烘干、称重,分析硝酸钾的纯度并计算收率。

④将降温速度调整为 2 ℃/min,重复实验步骤①至③,考察降温速度对结晶过程的影响。

⑤重复实验步骤①至③,当降温到 65 ℃时,向结晶釜中加入 1 g 晶种,考察加入晶种对结晶过程的影响。

⑥重复实验步骤①至③,将搅拌速度增大或减小 100 r/min,考察搅拌速度对结晶过程的影响。

⑦实验完成后关闭电源,清洗仪器,将物品放归原位。

5. 实验报告

①计算不同操作条件下产品的纯度、收率。

②写出自己在实验中的一些体会。为了提高产品的纯度和产率,改善晶体的粒度和粒度分布,可以对实验仪器和操作过程进行哪些改进?

6. 思考题

①初始溶液浓度对结晶产品的质量有何影响?

②搅拌速度对结晶产品的质量有何影响?

7. 硝酸钾的分析方法

1)原理

在乙酸溶液中,四苯硼钠溶液与钾离子反应生成白色四苯硼钾沉淀,过滤,洗涤,干燥至恒重。

$$K^+ + NaB(C_6H_6)_4 \rightarrow KB(C_6H_5)_4 \downarrow + Na^+$$

采用离子交换工艺生产的硝酸钾(在弱碱性介质中),因为原料为硝酸铵,产品中可能含有少量铵离子,所以在进行沉淀前需加入甲醛溶液,使铵与甲醛溶液在碱性介质中生成六次甲基四胺,以排除铵离子的干扰。

$$6HCHO + 4NH_4^+ \rightarrow C_6H_{12}N_4 + 6H_2O + 4H^+$$

2)所用试剂

无水乙醇;甲基红指示剂,0.1%的乙醇溶液;0.5 mol/L的NaOH溶液;酚酞指示剂,1%的乙醇溶液;甲醛,取63 mL 36%的甲醛,用水稀释到100 mL,以酚酞为指示剂,用0.5 mol/L的NaOH溶液中和至呈微红色,过滤后使用;0.1 mol/L的四苯硼钠的乙醇溶液;四苯硼钾–5%的乙醇饱和溶液。四苯硼钾–5%的乙醇饱和溶液的配制方法:取四苯硼钾1 g,加50 mL乙醇、950 mL水,摇匀后过滤。

3)测定步骤

称取1~1.2 g样品(称准至0.000 2 g),置于100 mL的烧杯中,用水溶解,移入500 mL的容量瓶中,用水稀释至刻度,摇匀。用滤纸、漏斗过滤置于干燥后的烧杯中(弃去最初约20 mL的滤液)。准确吸取25 mL滤液置于100 mL的烧杯中,加20 mL水和1滴甲基红指示剂,用10%的乙醇溶液调至呈微红色(对采用离子交换工艺生产的硝酸钾,加1~2滴酚酞指示剂,加2 mL甲醛溶液,用0.5 mol/L的NaOH溶液调至呈微红色)。加热至40 ℃(继续保持溶液呈微红色),在搅拌下逐滴加入8 mL 0.1 mol/L的四苯硼钠的乙醇溶液,继续搅拌1 min,沉淀放置10 min后,用已在120 ℃下恒重的玻璃坩埚抽滤,用四苯硼钾–5%的乙醇饱和溶液转移沉淀,并用15 mL此溶液分3~4次洗涤沉淀,每次均抽干。用2 mL无水乙醇将坩埚洗涤一次,抽干,于120 ℃下烘至恒重。

4)计算

$$m_{KNO_3}\% = \frac{0.282\ 2m_1}{m/20} \times 100\%$$

式中　m_1——沉淀的质量,g;

　　　m——样品的质量,g。

6.2.8　流化床干燥实验

流化床干燥又称沸腾床干燥,是流态化技术在干燥操作中的应用。流化床干燥器种类很多,大致可分为单层流化床干燥器、多层流化床干燥器、卧式多室流化床干燥器、喷动床干燥器、旋转快速干燥器、振动流化床干燥器、离心流化床干燥器和内热式流化床干燥器等。流化床干燥的特点为:①具有较高的传质、传热速率;②物料在干燥器中的停留时间可自由调节,可以得到含水量很低的产品;③干燥器结构简单、造价低、操作维修方便;④适合处理粒径为30 μm~6 mm的粉粒状物料。

1.实验目的

①熟悉单级连续流化床干燥的操作方法,加深对干燥过程及其机理的理解。

②测定流化床内物料与空气之间的平均体积传热系数及固体颗粒的平均保留时间,估算热损失和热效率。

2. 实验原理

颗粒物料放置在干燥器的分布板上,热空气从分布板的底部送入,均匀地分布并与物料接触。通过控制气速在最小流化速度与带出速度之间,使颗粒在流化床中上下翻动,彼此碰撞混合,气固间进行传热和传质。干燥器内的气体沿轴向温度降低,湿度增大,物料含水量不断降低,最终在干燥器的底部得到干燥产品。

对流传热干燥操作是一种能耗高的单元操作,所以在进行干燥操作时要努力做到:物料平衡,热量平衡,减少热损失。热损失一般占输入的总热量的 5% ~ 10%,尽量提高热效率 η。

$$\eta = \frac{\text{干燥系统蒸发水分所消耗的热量}}{\text{对干燥系统输入的总热量}} \times 100\%$$

①干燥系统的物料衡算式为

$$V = \frac{\overline{W}}{H_2 - H_1} = G_c \frac{X_1 - X_2}{H_2 - H_1}$$

式中　V——空气的质量流量,kg 绝干空气/s;

　　　$\overline{W}$——水分的蒸发量,kg 水/s;

　　　G_c——绝干物料的质量流量,kg 绝干料/s;

　　　X_1, X_2——分别为湿物料进、出干燥器时的干基含水量,kg 水/kg 绝干料;

　　　H_1, H_2——分别为空气进、出干燥器时的湿度,kg 水/kg 绝干空气。

②干燥系统的热量衡算式为

$$Q = Q_P + Q_D = L(I_2 - I_0) + G_c(I_2' - I_1') + Q_L$$

$$I' = (c_S + Xc_w)\theta = c_m\theta$$

若近似认为空气进、出干燥器前后水蒸气的焓 I 不变,湿物料的比热 $c_{m_1} = c_{m_2}$,则

$$Q = Q_P + Q_D = 1.01L(t_2 - t_0) + \overline{W}(2\,490 + 1\,088t_2) + G_c c_{m_2}(\theta_2 - \theta_1) + Q_L$$

式中　Q_P——预热器的加热速率,W;

　　　Q_D——向干燥器补充热量的速率,W;

　　　Q_L——干燥器的热损失速率,W;

　　　t_0, t_2——空气进预热器、出干燥器的温度,℃;

　　　θ_1, θ_2——物料进、出干燥器的温度,℃;

　　　I_0, I_2——空气进、出干燥器的焓值,kJ/kg 绝干空气,$I = I_H = (1.01 + 1.88H)t + 2\,490H$;

　　　I_1', I_2'——物料进、出干燥器的焓值,kJ/kg 绝干料;

　　　c_S——绝干物料的比热(变色硅胶为 0.783),kJ/(kg·℃);

　　　c_w——水的比热,其值为 4.187 kJ/(kg·℃);

　　　L——绝干空气的流量,kg 绝干空气/s。

③排气状态的核算。

干燥器出口的排气状态应保证除尘设备中不产生冷凝水。

由 t_2、H_2 得到 ϕ_2,由 θ_1、H_2 得到 ϕ_2',$\phi_2 < \phi_2'$ 即满足要求,其中 ϕ 为空气的相对湿度。

$$\phi = \frac{p}{p_S} \times 100\%$$

式中　p——湿空气中水蒸气的分压,Pa;

　　　p_S——同温度下水的饱和蒸气压,Pa。

④固体颗粒在流化床床层中的平均保留时间 τ 的计算式为

$$\tau = \frac{Ah_0\rho_b}{G_c}$$

式中　A——流化床床层的截面积,m^2;

　　　h_0——床内物料静止时的床层高度,m;

　　　ρ_b——物料的密度,$\rho_b = \dfrac{\text{干料质量}}{\text{干料体积}}$,$kg/m^3$。

⑤流化床床层内体积传热系数 α_T 的计算式为

$$\alpha_T = \frac{Q'}{V\Delta t_m} = \frac{Q'}{Ah\Delta t_m}$$

式中　Q'——流化床的传热速率,$Q' = L(I_1 - I_2) + Q_D$,W;

　　　A——流化床的截面积,m^2;

　　　h——流化物料的平均床层高度,m。

　　　Δt_m——平均温差,$\Delta t_m = \dfrac{t_1 - t_2}{\ln\dfrac{t_1 - \theta_m}{t_2 - \theta_m}}$,℃;

　　　θ_m——物料的平均温度,℃。

⑥空气流量的计算式为

$$V_{t_0} = C_0 \times A_0 \times \sqrt{\frac{2 \times \Delta p}{\rho_{t_0}}}$$

式中　C_0——孔板流量计的孔流系数,$C_0 = 0.65$;

　　　A_0——节流孔的面积,m^2;

　　　d_0——孔板的孔径,$d_0 = 0.017$ m;

　　　V_{t_0}——空气入口温度(即流量计处温度)下的体积流量,m^3/h;

　　　Δp——孔板两端的压差,kPa;

　　　ρ_{t_0}——空气入口温度(即流量计处温度)下的密度,kg/m^3。

在实验条件下传热管内的空气流量 $V(m^3/h)$ 按下式计算:

$$V = V_{t_0} \times \frac{273 + t_1}{273 + t_0}$$

式中　V——实验条件(干球温度)下的空气流量,m^3/h;

　　　t_1——干球温度,℃;

　　　t_0——空气入口(即流量计处)温度,℃。

3. 实验装置

实验装置流程如图 6-22 所示。流化床干燥器:直径 0.075 m,有效段高度 0.5 m;空气预热器:2 个电热器并联,每个电热器的额定功率为 450 W;温度计:精度 0.5 ℃。

4. 实验步骤

①将已筛分好的一定粒径的变色硅胶加蒸馏水(使湿含量为 0.25 左右),拌匀后称取

湿料 350 g 左右,缓慢倒入加料管内,记下加料管内湿物料的高度。将剩余的湿物料封存好,待测含水量。

②实验开始前记录空气的初始状态(湿度、温度),关闭出料接收瓶和阀 V2,打开阀 V1、V3,启动风机,用 V3 调节空气流量至带出速度流量的 1/2。

③接通预热器的电源,将电压缓慢调至 120 ~ 140 V,加热空气。当预热器出口的温度计 T1 读数接近指定值($t_1 = 60$ ℃)时,打开 V2,关闭 V1,维持 t_1 稳定。接通干燥器保温的电源,电压维持在 60 V 左右(出口温度计的读数接近或略低于进口温度计的读数)。

④系统稳定后,记录保温电压、空气流量与进口温度。启动加料搅拌电机,控制搅拌电机的电压在某一定值,调节出料夹的开度,保持合适的放料速度,测定加料时间和加料量,观察流化床干燥器内的颗粒流动状况,读取 U 形管压差计的数据。

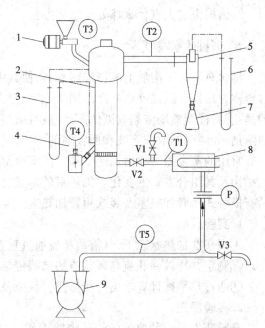

图 6-22　流化床干燥实验装置流程示意
1—进料器　2—流化床干燥器　3—压差计
4—出料接收瓶　5—旋风分离器　6—旋风分离压差计
7—空气出口三角瓶　8—空气预热器　9—风机
T1 ~ T5—温度计　P—孔板流量计　V1、V2、V3—调节阀

⑤记下干料自动出料时间和流化床床层高度(h),稳定出料时压差计的读数。每隔 4 ~ 5 min 读取有关数据。

⑥连续稳定操作 20 min 左右停止加料,同时停止加热,放净出料瓶内的干料,封存好,待测含水量。打开 V1,关闭 V2,记下静料层高度 h_0。

⑦记下加料管内剩余湿物料的高度,放出称量。用真容泵取出流化床干燥器内的全部干料,并称量和测取体积。

⑧停风机,将一切复原。

⑨采用快速水分测定仪,在进行干燥操作的同时测取湿物料的含水量 W_1;待干燥操作结束,立即测定干料的含水量 W_2。

⑩测取干、湿物料的质量和含水量后,将所有物料放在一个容器内,封存好备用。

5. 实验报告

①考察流化床干燥过程,连续操作中床层压降的变化。

②计算物料在流化床干燥器内的平均停留时间 τ 和体积对流传热系数 α_T。

③通过计算说明本次实验操作的最终排气状态是否符合正常干燥操作的要求。

④计算本次实验操作的热损失。

6. 思考题

①流化床干燥操作的优点是什么?单级流化床干燥的主要缺点是什么?实际生产中如何加以改进?

②进料的湿含量为什么要控制在一个合适的范围?

③热损失过大有什么坏处？怎么办？

6.2.9 升膜蒸发实验

将含有不挥发溶质的溶液加热沸腾,使其中的挥发性溶剂部分汽化,从而将溶液浓缩的过程称为蒸发。蒸发操作广泛应用于化工、轻工、制药、食品等工业中。蒸发操作的主要目的是:①将稀溶液增浓制取液体产品,或将浓缩的溶液进一步处理制取固体产品;②制取纯净溶剂;③同时制取浓溶液和回收溶剂。

常用的蒸发器主要由加热室和分离室两部分组成,蒸发器的多样性在于加热室、分离室的结构及其组合方式的变化。加热室的形式有多种,最初采用夹套式或蛇管式加热装置,其后有横卧式短管加热室及竖式短管加热室。

1. 实验目的

①观察在加热状态下,气液两相流通过垂直管向上流动的各种流型以及形成过程。
②测定并比较弹状流与环状流的沸腾传热系数。
③通过热平衡计算求出开始形成弹状流及环状流的表观气速。

2. 实验原理

升膜蒸发是一种典型的流动沸腾操作,管内是气液两相流动。当流体的物性数据,流道的几何形状、尺寸以及旋转方式均固定时,影响流型的主要因素是热通量。因此,逐渐提高升膜蒸发器的加热功率,使气液两相中的蒸气量不断增加,管内会逐次出现泡状流(Bubble Flow)、弹状流(Slug Flow)、搅拌流(Churn Flow)以及环状流(Annular Flow)等流型,如图 6-23 所示。

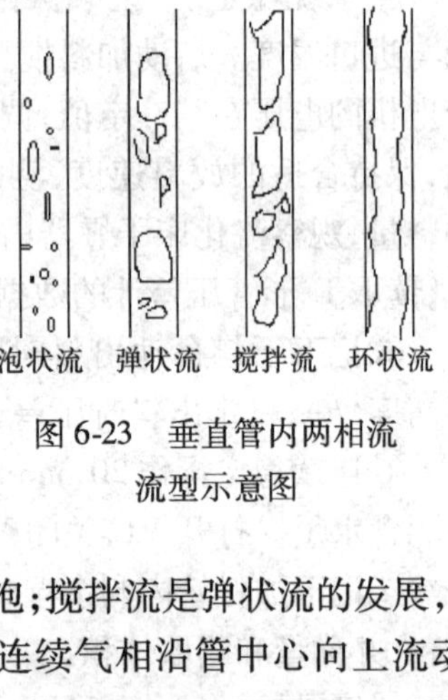

图 6-23　垂直管内两相流
流型示意图

泡状流是在液相中有近似均匀分散的小气泡的流动;弹状流是大多数气体以较大的子弹形气泡存在并流动,在弹状泡与管壁之间以及两个弹状泡之间的液层中充满了小气泡;搅拌流是弹状流的发展,子弹形气泡被破坏成狭条状,流型较混乱;环状流是含有液滴的连续气相沿管中心向上流动,含有小气泡的液相沿管壁向上爬行。

影响气液两相流型的主要因素有流体的物性(黏度、表面张力、密度等),流道的几何形状、放置方式(水平、垂直或倾斜)、尺寸,流向以及气液两相的流速等。对于气液两相垂直向上流动的升膜蒸发器,当流道直径及物料性质固定后,各流型的转变主要取决于气液流量,关键参数为气速。环状流的出现一般在气速不小于 10 m/s 时,此时料液贴在管内壁拉曳成薄膜状向上流动,环状液膜上升必须克服其重力以及与壁面的摩擦力。

沸腾传热系数的测定原理是:向升膜蒸发器的测量段输入一定的热量,利用安装在该段壁面及中心的热电偶测出壁温和流体主体的温度,然后采用下式计算沸腾传热系数 α。

$$\alpha = \frac{Q}{A\Delta t}$$

式中　α——平均对流传热系数,W/(m^2 · ℃);

　　　Q——传热速率,为输入的热量减去散热量,W;

　　　A——测量段的传热面积,m^2;

Δt——过热度，$\Delta t = t_w - t_b$，t_w 为内壁温度，t_b 为流体主体温度，℃。

本实验在单管升膜蒸发器中以水为物料，通过改变加热功率获得不同的流型，计算出它们的传热系数、干度，由此分析总结出它们的规律。

本次实验所用的主要计算公式如下：

$$\alpha = \frac{Q - Q_{损}}{S_I(t_w - t_b)}$$

$$Q_{损} = \alpha_R S_R \Delta t_R$$

$$\alpha_R = 9.4 + 0.052(t_R - t)$$

$$\Delta t_R = t_R - t$$

$$S_I = \pi d_i L$$

$$S_R = \pi d_R L$$

$$X = W_V / W$$

其中　α——对流传热系数，$W/(m^2 \cdot ℃)$；

Q——传热速率，W；

$Q_{损}$——热损失速率，W；

t_w——内壁温度，℃；

t_b——流体主体温度，℃；

S_I——传热面积，m^2；

S_R——热损失面积，m^2；

d_i——测量管内径，m；

d_R——保温层外径，m；

L——测量段管长，m；

t_R——保温层外壁温度，℃；

t——室温，℃；

X——干度，量纲为 1；

W_V——管顶流出的蒸气流量，L/h；

W——进入釜的冷水流量，L/h。

3. 实验装置

实验装置流程如图 6-24 所示。物料由水泵从水箱经过转子流量计注入预热釜中加热，然后进入蒸发管中，由加热段外的电炉丝继续加热，进入玻璃观测段，可以观察到加热过程中管内液相沸腾时的流型，随后，气液两相流体进入测量段，最后在气液分离器中分离，液体经冷却器冷却沿下端的塑料管返回水箱，气体经冷凝器冷凝沿下端的塑料管滴入量筒中，根据一定时间内的体积量算出冷凝量及干度。在测量段的保温层外设置一支温度计，读取保温层外壁温度，以计算热损失速率。蒸发管的参数见表 6-5。

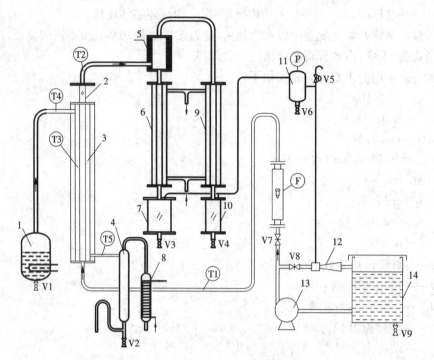

图 6-24　升膜蒸发实验装置流程示意

1—预热釜　2—观测段　3—加热段　4、5—气液分离器　6—液体冷却器　7、10—液体接收瓶
8、9—蒸气冷凝器　11—真空缓冲罐　12—喷射泵　13—水泵　14—水箱
F—转子流量计　P—压力表　T1～T5—温度计　V1～V9—阀门

表 6-5　蒸发管的参数

	测量段	加热段	预热段	材料
内管内径 d_i/mm	14	18	16	紫铜
内管外径 d_o/mm	17	22	57	
管长 L/mm	500	750	250	
保温层外径 d_R/mm	105	105	105	不锈钢

4. 实验步骤

①实验前将水箱底阀关闭,使箱内充满待测液,泵出口的回流阀处于全开状态。所有电器开关均处于关闭状态。冰水桶内放满冰水,热电偶丝的冷端插入冰水混合物中。

②合上电源开关,打开冷却水,启动泵,开启流量计调节阀调节流量为 20 L/h。

③待蒸发管内充满待测液后,依次给预热釜、加热段、测量段通电加热。

④将加热段的加热电压调到较低值,通过玻璃段观察流型。当管内出现泡状流时,观察流型,当毫伏表的热电势值基本稳定时,记下观察的流型,并记下内壁、液体主体及空气对应的热电势值,从冷凝器下端出口测取蒸气冷凝液的流量,读取保温层外壁温度。

⑤逐渐加大加热段输入总功率、测量段输入功率,加水速率维持不变。出现弹状流流型后稳定一段时间,记下观察的流型,记下内壁、流体主体对应的温度值,从冷凝器下端出口测取蒸气冷凝液的流量,读取保温层外壁温度。

⑥以相同的步骤进行搅拌流及环状流的实验,并记录相应的实验数据,其中搅拌流只进行流型观察。读数完毕后,先切断加热电路,关闭流量计阀,再停泵,关闭电源。

在整个实验过程中,务必维持水流量及测量段输入功率不变。

5. 实验报告

①计算出升膜蒸发器中开始形成弹状流及环状流的沸腾传热系数。

②计算出每一流型下的干度。

③计算出开始形成弹状流及环状流的虚拟(表观)气速,即

$$表观气速 = \frac{蒸气体积}{塔截面积(观察段截面积)}$$

蒸气体积由热平衡求得。

6. 思考题

①壁温测量是目前传热研究中难度较大的问题之一,尤其是气液两相流动的沸腾传热,比单相流动更为复杂。请分析引起误差的因素主要有哪些? 有何措施减小误差?

②影响成膜的因素有哪些?

③测量段功率不断加大(加热段功率固定),壁温一般如何变化? 请用计算式分析说明。

④为什么说,在测量段热通量相同的条件下,壁温高低可以代表沸腾传热系数的大小,请分析说明。

⑤升膜蒸发器采用负压操作有哪些优缺点?

⑥为了提高环状流的沸腾传热系数,可以采用哪些办法?

6.2.10　裸管与绝热管传热实验

化工生产过程中热量传递现象无处不在,其对传热过程的要求有两种:一是对各种换热设备中的强化传热,强化流体的湍动可以增大对流传热系数;二是对设备或管道保温中的热传递,减小保温材料的导热系数和增加保温层的厚度可以减小热量的损失。

1. 实验目的

①比较裸露、带有保温层的加热管热损失的大小,测定保温材料的导热系数。

②测定管外空气自然对流传热系数、强制对流传热系数的大小。

③通过实验加深对强化与削弱传热过程的理解。

2. 实验原理

本实验采用水蒸气冷凝的方法分别对铜加热管外保温材料的导热系数、管外空气自然对流传热系数、管外空气强制对流传热系数进行研究。

①保温材料导热系数 λ 的测定。

$$\lambda = \frac{Qb}{S_m(T_w - t_w)}$$

$$Q = W_汽 \gamma$$

$$S_{m} = \frac{2\pi(r_2 - r_1)L}{\ln\dfrac{r_2}{r_1}}$$

式中　Q——传热速率，W；

　　　　$W_{汽}$——饱和蒸汽的冷凝速率，kg/s；

　　　　γ——水蒸气的汽化热，J/kg；

　　　　T_w, t_w——分别为保温层两侧的温度，℃；

　　　　b——保温层的厚度，m；

　　　　S_m——保温层内外壁的平均面积，m^2；

　　　　L——保温管的长度，m；

　　　　r_2, r_1——分别为保温层两侧的半径，m。

②空气自然对流传热系数 α_T 的测定。

$$\alpha_T = \frac{Q}{A(t_w - t_o)}$$

式中　A——传热面积，m^2；

　　　　t_w, t_o——分别为壁温和空气温度，℃。

③空气强制对流传热系数 α_o 的测定。

$$\alpha_o = \frac{Q}{A(t_w - \bar{t})}$$

$$\bar{t} = \frac{t_2 + t_1}{2}$$

式中　t_w——管壁温度，℃；

　　　　t_1——冷空气进口温度，℃；

　　　　t_2——冷空气出口温度，℃；

　　　　$\bar{t}$——冷空气进、出口温度的平均值，℃。

3. 实验装置

实验装置流程如图 6-25 所示。蒸汽发生器产生的水蒸气进入汽包中，经放汽阀排出不凝气和部分水蒸气，大部分水蒸气分别在保温管、裸管和套管传热管中与管外流体换热后冷凝，冷凝液由收集瓶收集，用量筒和秒表记录冷凝液量和冷凝时间。在对流传热过程中，压缩空气由转子流量计计量后进入套管换热器的壳程，换热后排出室外。

实验装置的传热管的结构参数见表 6-6。

表 6-6　传热管的结构参数

	保温管	裸管	对流传热管	材料
内管内径 d_i/mm	16	16	16	
内管外径 d_o/mm	18	18	18	紫铜
管长 L/mm	600	600	600	
外管外径 D_o/mm	43		43	
外管内径 D_i/mm	34		34	玻璃

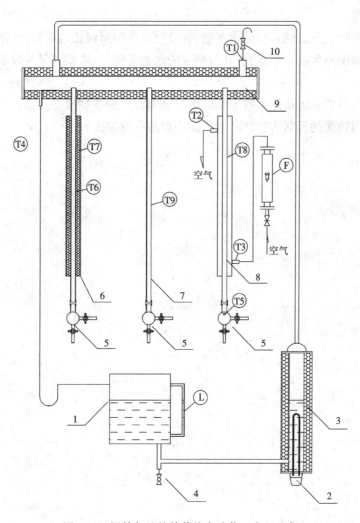

图 6-25 裸管与绝热管传热实验装置流程示意

1—水箱 2—加热棒 3—蒸汽发生器 4—放水阀 5—冷凝液收集瓶 6—保温层 7—裸管

8—套管换热器 9—汽包 10—放汽阀 F—转子流量计 T1~T9—温度计 L—液位计

4. 实验方法

①熟悉设备、流程,检查各阀门的开关情况,排放汽包中的冷凝水。

②打开加热器进水阀,加水至液位计高度的 2/3 后关闭进水阀。

③将电热棒接通电源,并将电压从 0 调至 200 V。待有蒸汽后,将电压调到 160~180 V。

④待汽包有蒸汽逸出后,打开套管换热器的冷空气进口阀,调节冷空气流量为一恒定值
(5~10 m³/h)。

⑤待传热过程稳定后,分别测量各设备单位时间的冷凝液量、壁温、空气进出套管换热
器的温度及室温。

⑥重复进行实验 3 次,实验结果取平均值。

⑦实验完毕后,切断加热电源,关闭冷却水阀。

5. 实验报告

①计算出管外空气自然对流传热系数、管外空气强制对流传热系数,并比较其大小。

②计算出保温材料的导热系数,并与裸管的热损失比较,考察其保温效果。

6. 思考题

①影响空气自然对流传热系数大小的因素有哪些? 影响规律是什么?

②影响保温效果的因素有哪些? 如何减小设备的热损失?

附　　录

附录1　实验基本安全知识

化工原理实验是一门实践性很强的基础课程,在实验过程中难免接触到具有易燃、易爆、腐蚀性和毒性等性质的物质和化合物,还会遇到在高压或高温或低温或高真空条件下的操作。此外,还涉及用电和仪表操作等方面的问题,故要想有效地达到实验目的就必须掌握相关的安全知识。

1.1.1　实验室安全消防知识

实验操作人员必须了解消防知识。实验室内应准备一定数量的消防器材,实验人员应熟悉消防器材的存放位置和使用方法,绝不允许将消防器材移作他用。实验室常用的消防器材包括以下几种。

1.沙箱

易燃液体和其他不能用水扑灭的危险品着火可用沙子来扑救。它能隔绝空气并起降温作用,达到灭火的目的。但沙中不能混有可燃杂物,并且要干燥。潮湿的沙子遇火后因水分蒸发,易使燃着的液体飞溅。但沙箱存沙有限,实验室内又不能存放过多的沙箱,故这种灭火工具只能用于扑救局部小规模的火源。对于大面积火源,沙量太少作用不大。此外还可用其他不燃性固体粉末灭火。

2.干粉灭火器

该灭火器筒内充装磷酸铵盐干粉和作为驱动力的氮气,使用时先拔掉保险销(有的是拉起拉环),再按下压把,干粉即可喷出。其适宜于扑救固体易燃物(A类)、易燃液体、可融化固体(B类)、易燃气体(C类)和带电器具的初起火灾,但不得用于扑救轻金属材料火灾。灭火时要接近火焰喷射;干粉喷射时间短,喷射前要选择好喷射目标;由于干粉容易飘散,不宜逆风喷射。

3.泡沫灭火器

实验室多用手提式泡沫灭火器。它的外壳用薄钢板制成,内有一个玻璃胆,其中盛有硫酸铝,胆外装有碳酸氢钠溶液和发泡剂(甘草精)。灭火液由50份硫酸铝、50份碳酸氢钠及5份甘草精组成。使用时将灭火器倒置,立即发生化学反应生成含 CO_2 的泡沫。此泡沫黏附在燃烧物表面上,通过在燃烧物表面形成与空气隔绝的薄层而达到灭火目的。它适用于扑救实验室中发生的一般火灾,对于油类着火在开始时可以使用,但不能用于扑救电线和电器设备火灾,因为泡沫是导电的,会造成扑火人触电。

4.二氧化碳灭火器

此类灭火器的钢筒内装有压缩的二氧化碳。使用时旋开手阀,二氧化碳就能急剧喷出,使燃烧物与空气隔绝,同时降低空气中氧气的含量。当空气中含有30%~35%的二氧化碳时,燃烧就会停止。使用此类灭火器时要注意防止现场人员窒息。

5.卤代烷(1211)灭火器

此类灭火器适用于扑救油类、电器类、精密仪器等的火灾。其在一般实验室内使用不多,大型设备及大量使用可燃物的实验场所应配备此类灭火器。

1.1.2 实验室安全用电知识

化工原理实验中电气设备较多,如对流传热系数测定、干燥速率曲线测定等涉及的实验设备用电负荷较大。在接通电源之前,必须认真检查电气设备和电路是否符合规定要求;必须搞清楚整套实验装置的启动和停车操作顺序以及紧急停车的方法。安全用电极为重要,对电气设备必须采取安全措施,操作者必须严格遵守下列操作规定。

①进行实验之前必须了解室内总电闸与分电闸的位置,以便出现用电故障时及时切断电源。

②接触或操作电气设备时,手必须干燥。所有的电气设备在带电时均不能用湿布擦拭,更不能有水落于其上。不能用试电笔去试高压电。

③电气设备维修时必须停电作业,如接保险丝时一定要切断全部电源后进行操作。

④启动电动机,合闸前先用手转动一下电机的轴,合上电闸后立即查看电机是否转动;若不转动,应立即拉闸,否则电机很容易烧毁。若电源开关是三相刀闸,合闸时一定要快速合到底,否则易"跑单相",即三相中有一相实际上未接通,这样电动机易烧毁。

⑤电源或电气设备上的保护熔断丝或保险管都应按规定的电流标准使用,不能任意加大,更不允许用铜丝或铝丝代替。

⑥若用电设备是电热器,在通电之前一定要搞清楚进行电加热所需要的条件是否已经具备。比如在精馏实验中,接通塔釜电热器之前必须搞清釜内液面是否符合要求,塔顶冷凝器的冷却水是否已经打开。在干燥实验中,接通空气预热器的电热器之前必须打开空气鼓风机。另外,电热设备不能直接放在木制实验台上使用,必须用隔热材料垫架,以防引起火灾。

⑦所有电气设备的金属外壳应接地,并定期检查连接是否良好。

⑧导线的接头应紧密牢固,裸露的部分必须用绝缘胶布包好,或者用塑料绝缘管套好。

⑨若在电源开关与用电器之间设有电压调节器或电流调节器,其作用是调节用电设备的用电情况。在接通电源开关之前,一定要检查电压或电流调节器当前所处的状态,确保置于"零位"状态。否则,接通电源开关时用电设备会在较大功率下运行,可能造成用电设备损坏。

⑩在实验过程中,如果发生停电现象,必须切断电闸,以防操作人员离开现场后,因突然供电而导致电气设备在无人监视下运行。

1.1.3 危险品安全使用知识

为了确保设备和人身安全,从事化工原理实验的人员必须具备以下危险品安全使用知识:实验室常用的危险品必须分类合理存放;对不同的危险药品,必须针对药品的性质选择灭火剂,否则不仅不能取得预期效果,反而会引起其他危险。

精馏实验可能会用到乙醇、正丙醇、苯、甲苯等药品,吸收实验可能会用到丙酮、氨气等药品,其中包含危险药品。危险药品大致可分为以下几种类型。

1. 易燃液体

易燃液体是液体或液体混合物,或在溶液或悬浮液中含有固体的液体,其闭杯试验闪点不高于 60 ℃或开杯试验闪点不高于 65.6 ℃。易燃液体还包括在运输过程中满足一定温度条件的液体。

易燃液体易挥发和燃烧,达到一定浓度时遇明火就会着火。若在密闭容器内着火,会造成容器因超压而破裂、爆炸。易燃液体的蒸气一般比空气重,它们挥发后常常在低处或地面漂浮。因此,距离存放这类液体处相当远的地方也可能着火,着火后容易蔓延并回传,引燃容器中的液体。所以使用这类物品时,必须严禁明火、远离电热设备和其他热源,更不能同其他危险品放在一起,以免造成更大的危害。

精馏实验涉及有机溶液的加热,其蒸气在空气中达到一定浓度时,能与空气(实际上是氧气)形成爆炸性混合气体。这种混合气体遇到明火会发生闪燃爆炸。在实验室中如果认真严格地按照规程操作,是不会有危险的,因为发生爆炸应具备两个条件:①可燃物在空气中的浓度在爆炸极限内;②有明火存在。因此防止爆炸的方法是使可燃物在空气中的浓度在爆炸极限以外。在实验过程中必须保证精馏装置严密、不漏气,保证冷凝器正常工作,保证实验室通风良好,禁止在室内使用明火和敞开式的电热设备,不能加热过快,致使液体急剧汽化,冲出容器,也不能让室内有产生火花的必要条件。总之,只要严格掌握和遵守有关安全操作规程就不会发生事故。

2. 毒性物质

毒性物质指经吞食、吸入或皮肤接触可能造成死亡、严重受伤或损害人类健康的物质。剧毒化学品指具有非常剧烈毒性的化学品,包括人工合成的化学品及其混合物(含农药)和天然毒素。

凡是少量就能使人中毒受害的物品都称为有毒品。中毒途径有误服、吸入呼吸道或皮肤被沾染等。其中有的蒸气有毒,如汞;有的固体或液体有毒,如钡盐、农药。有毒品根据对人体的危害程度分为剧毒药品(氰化钾、砒霜等)和有毒药品(农药)。使用这类物质时应十分小心,以防止中毒。实验所用的有毒品应由专人管理,建立购买、保存、使用档案。剧毒品的使用与管理还必须符合国家规定的五双条件,即双人保管、双人领取、双人使用、双把锁、双本帐。

在化工原理实验中,往往被人们忽视的有毒物质是压差计中的汞。如果操作不慎,压差计中的汞可能冲洒出来。汞是一种积累性的有毒物质,进入人体不易被排出,积累多了就会中毒。因此,一方面装置中应尽量避免采用汞;另一方面要谨慎操作,开关阀门要缓慢,防止冲走压差计中的汞,并不要碰破压差计。一旦汞冲洒出来,要尽可能地将它收集起来,无法收集的细粒要用硫磺粉和氯化铁溶液覆盖。因为细粒汞蒸发面积大,易于蒸发汽化,不宜采用用扫帚扫或用水冲的办法消除。

3. 易制毒化学品

易制毒化学品指用于非法生产、制造或合成毒品的原料、配剂等化学药品,包括用以制造毒品的原料前驱体、试剂、溶剂及稀释剂等。易制毒化学品本身并不是毒品,但具有双重性。易制毒化学品既是一般医药、化工生产的工业原料,又是生产、制造或合成毒品必不可少的化学品。

吸收实验可能用到的丙酮、精馏实验可能用到的甲苯等都属于受管制的第三类药品。这些易制毒化学品应按规定实行分类管理。使用、储存易制毒化学品的单位必须建立、健全易制毒化学品的安全管理制度。单位负责人负责制定易制毒化学品的安全使用操作规程，明确安全使用注意事项，并督促相关人员严格按照规定操作。教学负责人、项目负责人对本组的易制毒化学品的安全使用负直接责任。落实保管责任制，责任到人，实行两人管理。管理人员需报公安部门备案，管理人员的调动需经部门主管批准，做好交接工作，并进行备案。

1.1.4　高压气瓶安全使用知识

在化工原理实验中，另一类需要特别注意的物品是装在高压气瓶内的各种高压气体。化工原理实验中所用的高压气体种类较多，一类是具有刺激性气味的气体，如吸收实验中的氨、二氧化硫等，这类气体的泄漏一般容易被发觉；另一类是无色无味，但有毒或易燃、易爆的气体，如常作为色谱载气的氢气，其室温下在空气中的爆炸范围为4%～75.6%（体积分数）。因此，使用有毒或易燃、易爆气体时，系统一定要严格保证不漏气，尾气要导出室外，并注意室内通风。

高压气瓶（又称气瓶）是一种贮存各种压缩气体或液化气体的高压容器。实验室用气瓶的容积一般为40～60 L，一般最高工作压力为15 MPa，最低的也在0.6 MPa以上。瓶内压力很高，贮存的气体可能有毒或易燃、易爆，故使用气瓶时一定要掌握气瓶的构造特点和安全知识，以确保安全。

气瓶主要由筒体和瓶阀构成，附件有保护瓶阀的安全帽、开启瓶阀的手轮以及使运输过程减少震动的橡皮圈。在使用时瓶阀的出口还要连接减压阀和压力表。标准高压气瓶是按国家标准制造的，经有关部门严格检验后方可使用。各种气瓶在使用过程中必须定期送有关部门进行水压试验。检验合格的气瓶应该在瓶肩上用钢印打上下列资料：制造厂家、制造日期、气瓶的型号和编号、气瓶的重量、气瓶的容积和工作压力、水压试验的压力、水压试验的日期和下次试验的日期。

各类气瓶的表面都应涂上一定的油漆，其目的不仅是防锈，而且能使人从颜色上迅速辨别钢瓶中所贮存气体的种类，以免混淆。如氧气瓶为浅蓝色，氢气瓶为暗绿色，氮气、压缩空气、二氧化碳、二氧化硫等钢瓶为黑色，氦气瓶为棕色，氯气瓶为黄色，氯气瓶为草绿色，乙炔瓶为白色等。

为了确保安全，在使用气瓶时一定要注意以下几点。

①使用高压气瓶的主要危险是气瓶可能爆炸和漏气。若气瓶受日光直晒或靠近热源，瓶内气体受热膨胀，以致压力超过气瓶的耐压强度时，容易引起气瓶爆炸。另外，可燃性压缩气体漏气也会造成危险。应尽可能避免氧气气瓶和可燃性气体气瓶放在同一个房间使用（如氢气气瓶和氧气气瓶），因为两种气瓶同时漏气时更易引起着火和爆炸。如氢气泄漏时，氢气与空气混合后浓度达到4%～7.2%时遇明火会发生爆炸。按规定，可燃性气体气瓶与明火的距离应在10 m以上。

②搬运气瓶时应戴好气瓶帽和橡胶安全圈，严防气瓶摔倒或受到撞击，以免发生意外爆炸事故。使用气瓶时必须将其牢靠地固定在架子上、墙上或实验台旁。

③绝不可把油或其他易燃性有机物黏附在气瓶上（特别是出口和气压表处）；也不可用麻、棉等堵漏，以防燃烧引起事故。

④使用气瓶时一定要用气压表，而且各种气压表一般不能混用。一般可燃性气体的气瓶气门螺纹是反向的（如 H_2、C_2H_2），不燃或助燃性气体的气瓶气门螺纹是正向的（如 N_2、O_2）。

⑤使用气瓶时必须连接减压阀或高压调节阀，不经这些部件而让系统直接与气瓶连接是十分危险的。

⑥开启气瓶阀门及调压时，人不要站在气体出口的前方，头不要在瓶口之上，而应在瓶侧面，以防气瓶的总阀门或气压表冲出伤人。

⑦当气瓶使用到瓶内压力为 0.5 MPa 时，应停止使用。压力过低会给充气带来不安全因素；当气瓶内压力与外界压力相同时，会造成空气进入。

附录2　相关系数检验表

（摘自《数学手册》）

$n-2$	5%	1%	$n-2$	5%	1%	$n-2$	5%	1%
1	0.997	1.000	16	0.468	0.590	35	0.325	0.418
2	0.950	0.990	17	0.456	0.575	40	0.304	0.393
3	0.878	0.959	18	0.444	0.561	45	0.288	0.372
4	0.811	0.917	19	0.433	0.549	50	0.273	0.354
5	0.754	0.874	20	0.423	0.537	60	0.250	0.325
6	0.707	0.834	21	0.413	0.526	70	0.232	0.302
7	0.666	0.798	22	0.404	0.515	80	0.217	0.283
8	0.632	0.765	23	0.396	0.505	90	0.205	0.267
9	0.602	0.735	24	0.388	0.496	100	0.195	0.254
10	0.576	0.708	25	0.381	0.487	125	0.174	0.228
11	0.553	0.684	26	0.374	0.478	150	0.159	0.208
12	0.532	0.661	27	0.367	0.470	200	0.138	0.181
13	0.514	0.641	28	0.361	0.463	300	0.113	0.148
14	0.497	0.623	29	0.355	0.456	400	0.098	0.128
15	0.482	0.606	30	0.349	0.449	1 000	0.062	0.081

附录3 F分布数值表

（摘自《数学手册》和《标准数学手册》）

$(1) \alpha = 0.25$

f_2 \ f_1	1	2	3	4	5	6	7	8	9	10	12	15	20	60	∞
1	6.83	7.56	8.20	8.58	8.82	8.98	9.10	9.19	9.26	9.32	9.41	9.49	9.58	9.76	9.85
2	2.57	3.00	3.15	3.23	3.28	3.31	3.34	3.35	3.37	3.38	3.39	3.41	3.43	3.46	3.48
3	2.02	2.28	2.36	2.39	2.41	2.42	2.43	2.44	2.44	2.44	2.45	2.46	2.46	2.47	2.47
4	1.81	2.00	2.05	2.06	2.07	2.08	2.08	2.08	2.08	2.08	2.08	2.08	2.08	2.08	2.08
5	1.69	1.85	1.88	1.89	1.89	1.89	1.89	1.89	1.89	1.89	1.89	1.89	1.89	1.88	1.87
6	1.62	1.76	1.78	1.79	1.79	1.78	1.78	1.78	1.77	1.77	1.77	1.76	1.76	1.74	1.74
7	1.57	1.70	1.72	1.72	1.71	1.71	1.70	1.70	1.69	1.69	1.68	1.68	1.67	1.65	1.65
8	1.54	1.66	1.67	1.66	1.66	1.65	1.64	1.64	1.64	1.63	1.62	1.62	1.61	1.59	1.58
9	1.51	1.62	1.63	1.63	1.62	1.61	1.60	1.60	1.59	1.59	1.58	1.57	1.56	1.54	1.53
10	1.49	1.60	1.60	1.59	1.59	1.58	1.57	1.56	1.56	1.55	1.54	1.53	1.52	1.50	1.48
11	1.47	1.58	1.58	1.57	1.56	1.55	1.54	1.53	1.53	1.52	1.51	1.50	1.49	1.47	1.45
12	1.46	1.56	1.56	1.55	1.54	1.53	1.52	1.51	1.51	1.50	1.49	1.48	1.47	1.44	1.42
13	1.45	1.55	1.55	1.53	1.52	1.51	1.50	1.49	1.49	1.48	1.47	1.46	1.45	1.42	1.40
14	1.44	1.53	1.53	1.52	1.51	1.50	1.49	1.48	1.47	1.46	1.45	1.44	1.43	1.40	1.38
15	1.43	1.52	1.52	1.51	1.49	1.48	1.47	1.46	1.46	1.45	1.44	1.43	1.41	1.38	1.36
16	1.42	1.51	1.51	1.50	1.48	1.47	1.46	1.45	1.44	1.44	1.43	1.41	1.40	1.36	1.34
17	1.42	1.51	1.50	1.49	1.47	1.46	1.45	1.44	1.43	1.43	1.41	1.40	1.39	1.35	1.33
18	1.41	1.50	1.49	1.48	1.46	1.45	1.44	1.43	1.42	1.42	1.40	1.39	1.38	1.34	1.32
19	1.41	1.49	1.49	1.47	1.46	1.44	1.43	1.42	1.41	1.41	1.40	1.38	1.37	1.33	1.30
20	1.40	1.49	1.48	1.47	1.45	1.44	1.43	1.42	1.41	1.40	1.39	1.37	1.36	1.32	1.29
21	1.40	1.48	1.48	1.46	1.44	1.43	1.42	1.41	1.40	1.39	1.38	1.37	1.35	1.31	1.28
22	1.40	1.48	1.47	1.45	1.44	1.42	1.41	1.40	1.39	1.39	1.37	1.36	1.34	1.30	1.28
23	1.39	1.47	1.47	1.45	1.43	1.42	1.41	1.40	1.39	1.38	1.37	1.35	1.34	1.30	1.27
24	1.39	1.47	1.46	1.44	1.43	1.41	1.40	1.39	1.38	1.38	1.36	1.35	1.33	1.29	1.26
25	1.39	1.47	1.46	1.44	1.42	1.41	1.40	1.39	1.38	1.37	1.36	1.34	1.33	1.28	1.25
30	1.38	1.45	1.44	1.42	1.41	1.39	1.38	1.37	1.36	1.35	1.34	1.32	1.30	1.26	1.23
40	1.36	1.44	1.42	1.40	1.39	1.37	1.36	1.35	1.34	1.33	1.31	1.30	1.28	1.22	1.19
60	1.35	1.42	1.41	1.38	1.37	1.35	1.33	1.32	1.31	1.30	1.29	1.27	1.25	1.19	1.15
120	1.34	1.40	1.39	1.37	1.35	1.33	1.31	1.30	1.29	1.28	1.26	1.24	1.22	1.16	1.10
∞	1.32	1.39	1.37	1.35	1.33	1.31	1.29	1.28	1.27	1.25	1.24	1.22	1.19	1.12	1.00

(2) $\alpha = 0.10$

f_2 \ f_1	1	2	3	4	5	6	7	8	9	10	12	15	20	60	∞
1	39.9	49.6	53.6	55.8	57.2	58.2	59.9	59.4	59.9	60.2	60.7	61.2	61.7	62.8	63.3
2	8.53	9.00	9.16	9.24	9.29	9.33	9.35	9.37	9.38	9.39	9.41	9.42	9.44	9.47	9.49
3	5.54	5.46	5.39	5.34	5.31	5.28	5.27	5.25	5.24	5.23	5.22	5.20	5.18	5.15	5.13
4	4.54	4.32	4.19	4.11	4.05	4.01	3.98	3.95	3.94	3.92	3.90	3.87	3.84	3.79	3.76
5	4.06	3.78	3.62	3.52	3.45	3.40	3.37	3.34	3.32	3.30	3.27	3.24	3.21	3.14	3.10
6	3.78	3.46	3.29	3.18	3.11	3.05	3.01	2.98	2.96	2.94	2.90	2.87	2.84	2.76	2.72
7	3.59	3.26	3.07	2.96	2.88	2.83	2.78	2.75	2.72	2.70	2.67	2.63	2.59	2.51	2.47
8	3.46	3.11	2.92	2.81	2.73	2.67	2.62	2.59	2.56	2.54	2.50	2.46	2.42	2.34	2.29
9	3.36	3.01	2.81	2.69	2.61	2.55	2.51	2.47	2.44	2.42	2.33	2.34	2.30	2.21	2.16
10	3.28	2.92	2.73	2.61	2.52	2.46	2.41	2.38	2.35	2.32	2.28	2.24	2.20	2.11	2.06
11	3.23	2.86	2.66	2.54	2.45	2.39	2.34	2.30	2.27	2.25	2.21	2.17	2.12	2.03	1.97
12	3.18	2.81	2.61	2.48	2.39	2.33	2.28	2.24	2.21	2.19	2.15	2.10	2.06	1.96	1.90
13	3.14	2.76	2.56	2.43	2.35	2.28	2.23	2.20	2.16	2.14	2.10	2.95	2.01	1.90	1.85
14	3.10	2.73	2.52	2.39	2.31	2.24	2.19	2.15	2.12	2.10	2.05	2.01	1.96	1.86	1.80
15	3.07	2.70	2.49	2.36	2.27	2.21	2.16	2.12	2.09	2.06	2.02	1.97	1.92	1.82	1.76
16	3.05	2.67	2.46	2.33	2.24	2.18	2.13	2.09	2.08	2.03	1.99	1.94	1.89	1.78	1.72
17	3.03	2.64	2.44	2.31	2.22	2.15	2.10	2.06	2.03	2.00	1.96	1.91	1.86	1.75	1.69
18	3.01	2.62	2.42	2.29	2.20	2.13	2.08	2.04	2.00	1.98	1.93	1.89	1.84	1.72	1.66
19	2.99	2.61	2.40	2.27	2.18	2.11	2.06	2.02	1.98	1.96	1.91	1.86	1.81	1.70	1.63
20	2.97	2.59	2.38	2.25	2.16	2.00	2.04	2.00	1.96	1.94	1.89	1.84	1.79	1.68	1.61
21	2.96	2.57	2.36	2.23	2.14	2.08	2.02	1.98	1.95	1.92	1.87	1.83	1.78	1.66	1.59
22	2.95	2.56	2.35	2.22	2.13	2.06	2.01	1.97	1.93	1.90	1.86	1.81	1.76	1.64	1.57
23	2.94	2.55	2.34	2.21	2.11	2.05	1.99	1.95	1.92	1.89	1.84	1.80	1.74	1.62	1.55
24	2.93	2.54	2.33	2.19	2.10	2.04	1.98	1.94	1.91	1.88	1.83	1.78	1.73	1.61	1.53
25	2.92	2.53	2.32	2.18	2.09	2.02	1.97	1.93	1.89	1.87	1.82	1.77	1.72	1.59	1.52
30	2.88	2.49	2.28	2.14	2.05	1.98	1.93	1.88	1.85	1.82	1.77	1.72	1.67	1.54	1.46
40	2.84	2.44	2.23	2.09	2.00	1.93	1.87	1.83	1.79	1.76	1.71	1.66	1.61	1.47	1.38
60	2.79	2.39	2.18	2.04	1.95	1.87	1.82	1.77	1.74	1.71	1.66	1.60	1.54	1.40	1.29
120	2.75	2.35	2.13	1.99	1.90	1.82	1.77	1.72	1.68	1.65	1.60	1.55	1.48	1.32	1.19
∞	2.71	2.30	2.08	1.94	1.85	1.77	1.72	1.67	1.63	1.60	1.55	1.49	1.42	1.24	1.00

（3）$\alpha = 0.05$

f_1 f_2	1	2	3	4	5	6	7	8	9	10	12	15	20	60	∞
1	161.4	199.5	215.7	224.6	230.2	234.0	236.9	238.9	240.5	241.9	243.9	245.9	248.0	252.2	254.3
2	18.51	19.00	19.16	19.25	19.30	19.33	19.35	19.37	19.38	19.40	19.41	19.43	19.45	19.48	19.50
3	10.13	9.55	9.28	9.12	9.01	8.94	8.89	8.85	8.81	8.79	8.74	8.70	8.66	8.57	8.53
4	7.71	6.94	6.59	6.39	6.26	6.16	6.09	6.04	6.00	5.96	5.91	5.86	5.80	5.69	5.65
5	6.61	5.79	5.41	5.19	5.05	4.95	4.88	4.82	4.77	4.74	4.68	4.62	4.56	4.43	4.36
6	5.99	5.14	4.76	4.53	4.39	4.28	4.21	4.15	4.10	4.06	4.00	3.94	3.87	3.74	3.67
7	5.59	4.74	4.35	4.12	3.97	3.87	3.79	3.73	3.68	3.64	3.57	3.51	3.44	3.30	3.23
8	5.32	4.46	4.07	3.84	3.69	3.58	3.50	3.44	3.39	3.35	3.28	3.22	3.15	3.01	2.93
9	5.12	4.26	3.86	3.63	3.48	3.37	3.29	3.23	3.18	3.14	3.07	3.01	2.94	2.79	2.71
10	4.96	4.10	3.71	3.48	3.33	3.22	3.14	3.07	3.02	2.98	2.91	2.85	2.77	2.62	2.54
11	4.84	3.98	3.59	3.36	3.20	3.09	3.01	2.95	2.90	2.85	2.79	2.72	2.65	2.49	2.40
12	4.75	3.89	3.49	3.26	3.11	3.00	2.91	2.85	2.80	2.75	2.69	2.62	2.54	2.38	2.30
13	4.67	3.81	3.41	3.18	3.03	2.92	2.83	2.77	2.71	2.67	2.60	2.53	2.46	2.30	2.21
14	4.60	3.74	3.34	3.11	2.96	2.85	2.76	2.70	2.65	2.60	2.53	2.46	2.39	2.22	2.13
15	4.54	3.68	3.29	3.06	2.90	2.79	2.71	2.64	2.59	2.54	2.48	2.40	2.33	2.16	2.07
16	4.49	3.63	3.24	3.01	2.85	2.74	2.66	2.59	2.54	2.49	2.42	2.35	2.28	2.11	2.01
17	4.45	3.59	3.20	2.96	2.81	2.70	2.61	2.55	2.49	2.45	2.38	2.31	2.23	2.06	1.96
18	4.41	3.55	3.16	2.93	2.77	2.66	2.58	2.51	2.46	2.41	2.34	2.27	2.19	2.02	1.92
19	4.38	3.52	3.13	2.90	2.74	2.63	2.54	2.48	2.42	2.38	2.31	2.23	2.16	1.98	1.88
20	4.35	3.49	3.10	2.87	2.71	2.60	2.51	2.45	2.39	2.35	2.28	2.20	2.12	1.95	1.84
21	4.32	3.47	3.07	2.84	2.68	2.57	2.49	2.42	2.37	2.32	2.25	2.18	2.10	1.92	1.81
22	4.30	3.44	3.05	2.82	2.66	2.55	2.46	2.40	2.34	2.30	2.23	2.15	2.07	1.89	1.78
23	4.28	3.42	3.03	2.80	2.64	2.53	2.44	2.37	2.32	2.27	2.20	2.13	2.05	1.86	1.76
24	4.26	3.40	3.01	2.78	2.62	2.51	2.42	2.36	2.30	2.25	2.18	2.11	2.03	1.84	1.73
25	4.24	3.39	2.99	2.76	2.60	2.49	2.40	2.34	2.28	2.24	2.16	2.09	2.01	1.82	1.71
30	4.17	3.32	2.92	2.69	2.53	2.42	2.33	2.27	2.21	2.16	2.09	2.01	1.93	1.74	1.62
40	4.08	3.23	2.84	2.61	2.45	2.34	2.25	2.18	2.12	2.08	2.00	1.92	1.84	1.64	1.51
60	4.00	3.15	2.76	2.53	2.37	2.25	2.17	2.10	2.04	1.99	1.92	1.84	1.75	1.53	1.39
120	3.92	3.07	2.68	2.45	2.29	2.17	2.09	2.02	1.96	1.91	1.83	1.75	1.66	1.43	1.25
∞	3.84	3.00	2.60	2.37	2.21	2.10	2.01	1.94	1.88	1.83	1.75	1.67	1.57	1.32	1.00

(4) $\alpha = 0.01$

f_1 / f_2	1	2	3	4	5	6	7	8	9	10	12	15	20	60	∞
1	4 052	4 999.5	5 403	5 625	5 764	5 859	5 928	5 982	6 022	6 056	6 106	6 157	6 209	6 313	6 366
2	98.50	99.00	99.17	99.25	99.30	99.33	99.36	99.37	99.39	99.40	99.42	99.43	99.45	99.48	99.50
3	34.12	30.82	29.46	28.71	28.24	27.91	27.67	27.49	27.35	27.23	27.05	26.87	26.69	26.32	26.13
4	21.20	18.00	16.99	15.98	15.52	15.21	14.98	14.80	14.66	14.55	14.37	14.20	14.02	13.65	13.46
5	16.26	13.27	12.06	11.39	10.97	10.67	10.46	10.29	10.16	10.05	9.89	9.72	9.55	9.20	9.02
6	13.75	10.92	9.78	9.15	8.75	8.47	8.26	8.10	7.98	7.87	7.72	7.56	7.40	7.06	6.88
7	12.25	9.55	8.45	7.85	7.46	7.19	6.99	6.84	6.72	6.62	6.47	6.31	6.16	5.82	5.65
8	11.26	8.65	7.59	7.01	6.63	6.37	6.18	6.03	5.91	5.81	5.67	5.52	5.36	5.03	4.86
9	10.56	8.02	6.99	6.42	6.06	5.80	5.61	5.47	5.35	5.26	5.11	4.96	4.81	4.48	4.31
10	10.04	7.56	6.55	5.99	5.64	5.39	5.20	5.06	4.94	4.85	4.71	4.56	4.41	4.08	3.91
11	9.65	7.21	6.22	5.67	5.32	5.07	4.89	4.74	4.63	4.54	4.40	4.25	4.10	3.78	3.60
12	9.33	6.93	5.95	5.41	5.06	4.82	4.64	4.50	4.39	4.30	4.16	4.01	3.86	3.54	3.36
13	9.07	6.70	5.74	5.21	4.86	4.62	4.44	4.30	4.19	4.10	3.96	3.82	3.66	3.34	3.17
14	8.86	6.51	5.56	5.04	4.69	4.46	4.28	4.14	4.03	3.94	3.80	3.66	3.51	3.18	3.00
15	8.68	6.36	5.42	4.89	4.56	4.32	4.14	4.00	3.89	3.80	3.67	3.52	3.37	3.05	2.87
16	8.53	6.23	5.29	4.77	4.44	4.20	4.03	3.89	3.78	3.69	3.55	3.41	3.26	2.93	2.75
17	8.40	6.11	5.18	4.67	4.34	4.10	3.93	3.79	3.68	3.59	3.46	3.31	3.16	2.83	2.65
18	8.29	6.01	5.09	4.58	4.25	4.01	3.84	3.71	3.60	3.51	3.37	3.23	3.08	2.75	2.57
19	8.18	5.93	5.01	4.50	4.17	3.94	3.77	3.63	3.52	3.43	3.30	3.15	3.00	2.67	2.49
20	8.10	5.85	4.94	4.43	4.10	3.87	3.70	3.56	3.46	3.37	3.23	3.09	2.94	2.61	2.42
21	8.02	5.78	4.87	4.37	4.04	3.81	3.64	3.51	3.40	3.31	3.17	3.03	2.88	2.55	2.36
22	7.95	5.72	4.82	4.31	3.99	3.76	3.59	3.45	3.35	3.26	3.12	2.98	2.83	2.50	2.31
23	7.88	5.66	4.76	4.26	3.94	3.71	3.54	3.41	3.30	3.21	3.07	2.93	2.78	2.45	2.26
24	7.82	5.61	4.72	4.22	3.90	3.67	3.50	3.36	3.26	3.17	3.03	2.89	2.74	2.40	2.21
25	7.77	5.57	4.68	4.18	3.85	3.63	3.46	3.32	3.22	3.13	2.99	2.85	2.70	2.36	2.17
30	7.56	5.39	4.51	4.02	3.70	3.47	3.30	3.17	3.07	2.98	2.84	2.70	2.55	2.21	2.01
40	7.31	5.18	4.31	3.83	3.51	3.29	3.12	2.99	2.89	2.80	2.66	2.52	2.37	2.02	1.80
60	7.08	4.98	4.13	3.65	3.34	3.12	2.95	2.82	2.72	2.63	2.50	2.35	2.20	1.84	1.60
120	6.85	4.76	3.95	3.48	3.17	2.96	2.79	2.66	2.56	2.47	2.34	2.91	2.03	1.66	1.38
∞	6.63	4.61	3.78	3.32	3.02	2.80	2.64	2.51	2.41	2.32	2.18	2.04	1.88	1.47	1.00

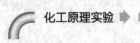

附录4　常用正交表

（摘自《常用数理统计方法》）

(1) $L_4(2^3)$

试验号 \ 列号	1	2	3
1	1	1	1
2	1	2	2
3	2	1	2
4	2	2	1

(2) $L_8(2^7)$

试验号 \ 列号	1	2	3	4	5	6	7
1	1	1	1	1	1	1	1
2	1	1	1	2	2	2	2
3	1	2	2	1	1	2	2
4	1	2	2	2	2	1	1
5	2	1	2	1	2	1	2
6	2	1	2	2	1	2	1
7	2	2	1	1	2	2	1
8	2	2	1	2	1	1	2

$L_8(2^7)$ 表头设计

因素数 \ 列号	1	2	3	4	5	6	7
3	A	B	$A\times B$	C	$A\times C$	$B\times C$	
4	A	B	$A\times B$ $C\times D$	C	$A\times C$ $B\times D$	$B\times C$ $A\times D$	D
4	A	B $C\times D$	$A\times B$	C $B\times D$	$A\times C$	D $B\times C$	$A\times D$
5	A $D\times E$	B $C\times D$	$A\times B$ $C\times E$	C $B\times D$	$A\times C$ $B\times E$	D $A\times E$ $B\times C$	E $A\times D$

$L_8(2^7)$ 两列间的交互作用

列号 \ 列号	1	2	3	4	5	6	7
(1)	(1)	3	2	5	4	7	6
(2)		(2)	1	6	7	4	5
(3)			(3)	7	6	5	4
(4)				(4)	1	2	3
(5)					(5)	3	2
(6)						(6)	1
(7)							(7)

(3) $L_8(4 \times 2^4)$

试验号 \ 列号	1	2	3	4	5
1	1	1	1	1	1
2	1	2	2	2	2
3	2	1	1	2	2
4	2	2	2	1	1
5	3	1	2	1	2
6	3	2	1	2	1
7	4	1	2	2	1
8	4	2	1	1	2

$L_8(4 \times 2^4)$ 表头设计

因素数 \ 列号	1	2	3	4	5
2	A	B	$(A \times B)_1$	$(A \times B)_2$	$(A \times B)_3$
3	A	B	C		
4	A	B	C	D	
5	A	B	C	D	E

(4) $L_9(3^4)$

试验号 \ 列号	1	2	3	4
1	1	1	1	1
2	1	2	2	2
3	1	3	3	3
4	2	1	2	3
5	2	2	1	1
6	2	3	3	2
7	3	1	3	2
8	3	2	1	3
9	3	3	2	1

(5) $L_{12}(2^{11})$

试验号 \ 列号	1	2	3	4	5	6	7	8	9	10	11
1	1	1	1	1	1	1	1	1	1	1	1
2	1	1	1	1	1	2	2	2	2	2	2
3	1	1	2	2	2	1	1	1	2	2	2
4	1	2	1	2	2	1	2	2	1	1	2
5	1	2	2	1	2	2	1	2	1	2	1
6	1	2	2	2	1	2	2	1	2	1	1
7	2	1	2	2	1	1	2	2	1	2	1
8	2	1	2	1	2	2	2	1	1	1	2
9	2	1	1	2	2	2	1	2	2	1	1
10	2	2	2	1	1	1	1	2	2	1	2
11	2	2	1	2	1	2	1	1	1	2	2
12	2	2	1	1	2	1	2	1	2	2	1

(6) $L_{16}(2^{15})$

试验号 \ 列号	1	2	3	4	5	6	7	8	9	10	11	12	13	14	15
1	1	1	1	1	1	1	1	1	1	1	1	1	1	1	1
2	1	1	1	1	1	1	1	2	2	2	2	2	2	2	2
3	1	1	1	2	2	2	2	1	1	1	1	2	2	2	2
4	1	1	1	2	2	2	2	2	2	2	2	1	1	1	1
5	1	2	2	1	1	2	2	1	1	2	2	1	1	2	2
6	1	2	2	1	1	2	2	2	2	1	1	2	2	1	1
7	1	2	2	2	2	1	1	1	1	2	2	2	2	1	1
8	1	2	2	2	2	1	1	2	2	1	1	1	1	2	2
9	2	1	2	1	2	1	2	1	2	1	2	1	2	1	2
10	2	1	2	1	2	1	2	2	1	2	1	2	1	2	1
11	2	1	2	2	1	2	1	1	2	1	2	2	1	2	1
12	2	1	2	2	1	2	1	2	1	2	1	1	2	1	2
13	2	2	1	1	2	2	1	1	2	2	1	1	2	2	1
14	2	2	1	1	2	2	1	2	1	1	2	2	1	1	2
15	2	2	1	2	1	1	2	1	2	2	1	2	1	1	2
16	2	2	1	2	1	1	2	2	1	1	2	1	2	2	1

$L_{16}(2^{15})$ 两列间的交互作用

列号 \ 列号	1	2	3	4	5	6	7	8	9	10	11	12	13	14	15
(1)	(1)	3	2	5	4	7	6	9	8	11	10	13	12	15	14
(2)		(2)	1	6	7	4	5	10	11	8	9	14	15	12	13
(3)			(3)	7	6	5	4	11	10	9	8	15	14	13	12
(4)				(4)	1	2	3	12	13	14	15	8	9	10	11
(5)					(5)	3	2	13	12	15	14	9	8	11	10
(6)						(6)	1	14	15	12	13	10	11	8	9
(7)							(7)	15	14	13	12	11	10	9	8
(8)								(8)	1	2	3	4	5	6	7
(9)									(9)	8	2	5	4	7	6
(10)										(10)	1	6	7	4	5
(11)											(11)	7	6	5	4
(12)												(12)	1	2	3
(13)													(13)	3	2
(14)														(14)	1

$L_{16}(2^{15})$ 表头设计

因素数 \ 列号	1	2	3	4	5	6	7	8	9	10	11	12	13	14	15
4	A	B	A×B	C	A×C	B×C		D	A×D	B×D		C×D			
5	A	B	A×B	C	A×C	B×C	D×E	D	A×D	B×D	C×E	C×D	B×E	A×E	E
6	A	B	A×B	C	A×C	B×C		D	A×D	B×D	E	C×D	F		C×E
			D×E		D×F	E×F			B×E	A×E		A×F			B×F
			C×F												
7	A	B	A×B	C	A×C	B×C		D	A×D	B×D	E	C×D	F	G	C×E
			D×E		D×F	E×F			B×E	A×E		A×F			B×F
			F×G		E×G	D×G			C×F	C×G		B×G			A×G

因素数 \ 列号	1	2	3	4	5	6	7	8	9	10	11	12	13	14	15
8	A D×E F×G C×H	B	A×B D×F E×G B×H	C	A×C E×F D×G A×H	B×C	H	D	A×D B×E C×F G×H	B×D A×E C×G F×H	E	C×D A×F B×G E×H	F	G	C×E B×F A×G D×H

(7) $L_{16}(4 \times 2^{12})$

试验号 \ 列号	1	2	3	4	5	6	7	8	9	10	11	12	13
1	1	1	1	1	1	1	1	1	1	1	1	1	1
2	1	1	1	1	1	2	2	2	2	2	2	2	2
3	1	2	2	2	2	1	1	1	1	2	2	2	2
4	1	2	2	2	2	2	2	2	2	1	1	1	1
5	2	1	1	2	2	1	1	2	2	1	1	2	2
6	2	1	1	2	2	2	2	1	1	2	2	1	1
7	2	2	2	1	1	1	1	2	2	2	2	1	1
8	2	2	2	1	1	2	2	1	1	1	1	2	2
9	3	1	2	1	2	1	2	1	2	1	2	1	2
10	3	1	2	1	2	2	1	2	1	2	1	2	1
11	3	2	1	2	1	1	2	1	2	2	1	2	1
12	3	2	1	2	1	2	1	2	1	1	2	1	2
13	4	1	2	2	1	1	2	2	1	1	2	2	1
14	4	1	2	2	1	2	1	1	2	2	1	1	2
15	4	2	1	1	2	1	2	2	1	2	1	1	2
16	4	2	1	1	2	2	1	1	2	1	2	2	1

$L_{16}(4 \times 2^{12})$ 表头设计

因素数 \ 列号	1	2	3	4	5	6	7	8	9	10	11	12	13
3	A	B	$(A \times B)_1$	$(A \times B)_2$	$(A \times B)_3$	C	$(A \times C)_1$	$(A \times C)_2$	$(A \times C)_3$	$B \times C$			
4	A	B	$(A \times B)_1$ $C \times D$	$(A \times B)_2$	$(A \times B)_3$	C	$(A \times C)_1$ $B \times D$	$(A \times C)_2$	$(A \times C)_3$	$B \times C$ $(A \times D)_1$	D	$(A \times D)_3$	$(A \times D)_2$
5	A	B	$(A \times B)_1$ $C \times D$ $C \times E$	$(A \times B)_2$	$(A \times B)_3$	C	$(A \times C)_1$ $B \times D$	$(A \times C)_2$ $B \times E$	$(A \times C)_3$	$B \times C$ $(A \times D)_1$ $(A \times E)_2$	D $(A \times E)_3$	E $(A \times E)_3$	$(A \times E)_1$ $(A \times D)_3$ $(A \times D)_2$

(8) $L_{16}(4^2 \times 2^9)$

试验号 \ 列号	1	2	3	4	5	6	7	8	9	10	11
1	1	1	1	1	1	1	1	1	1	1	1
2	1	2	1	1	1	2	2	2	2	2	2
3	1	3	2	2	2	1	1	1	2	2	2
4	1	4	2	2	2	2	2	2	1	1	1
5	2	1	1	2	2	1	2	2	1	2	2
6	2	2	1	2	2	2	1	1	2	1	1
7	2	3	2	1	1	1	2	2	2	1	1

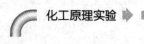
试验号 \ 列号	1	2	3	4	5	6	7	8	9	10	11
8	2	4	2	1	1	2	1	1	1	2	2
9	3	1	2	1	2	2	1	2	2	1	2
10	3	2	2	1	2	1	2	1	1	2	1
11	3	3	1	2	1	2	1	2	1	2	1
12	3	4	1	2	1	1	2	1	2	1	2
13	4	1	2	2	1	2	2	1	2	2	1
14	4	2	2	2	1	1	1	2	1	1	2
15	4	3	1	1	2	2	2	1	1	1	2
16	4	4	1	1	2	1	1	2	2	2	1

(9) $L_{16}(4^3 \times 2^6)$

试验号 \ 列号	1	2	3	4	5	6	7	8	9
1	1	1	1	1	1	1	1	1	1
2	1	2	2	1	1	2	2	2	2
3	1	3	3	2	2	1	1	2	2
4	1	4	4	2	2	2	2	1	1
5	2	1	2	2	2	1	2	1	2
6	2	2	1	2	2	2	1	2	1
7	2	3	4	1	1	1	2	2	1
8	2	4	3	1	1	2	1	1	2
9	3	1	3	1	2	2	2	2	1
10	3	2	4	1	2	1	1	1	2
11	3	3	1	2	1	2	2	1	2
12	3	4	2	2	1	1	1	2	1
13	4	1	4	2	1	2	1	2	2
14	4	2	3	2	1	1	2	1	1
15	4	3	2	1	2	2	1	1	1
16	4	4	1	1	2	1	2	2	2

(10) $L_{16}(4^4 \times 2^3)$

试验号 \ 列号	1	2	3	4	5	6	7
1	1	1	1	1	1	1	1
2	1	2	2	2	1	2	2
3	1	3	3	3	2	1	2
4	1	4	4	4	2	2	1
5	2	1	2	3	2	2	1
6	2	2	1	4	2	1	2
7	2	3	4	1	1	2	2
8	2	4	3	2	1	1	1
9	3	1	3	4	1	2	2
10	3	2	4	3	1	1	1
11	3	3	1	2	2	2	2
12	3	4	2	1	2	1	2

试验号 \ 列号	1	2	3	4	5	6	7
13	4	1	4	2	2	1	2
14	4	2	3	1	2	2	1
15	4	3	2	4	1	1	1
16	4	4	1	3	1	2	2

$(11) L_{16}(4^5)$

试验号 \ 列号	1	2	3	4	5
1	1	1	1	1	1
2	1	2	2	2	2
3	1	3	3	3	3
4	1	4	4	4	4
5	2	1	2	3	4
6	2	2	1	4	3
7	2	3	4	1	2
8	2	4	3	2	1
9	3	1	3	4	2
10	3	2	4	3	1
11	3	3	1	2	4
12	3	4	2	1	3
13	4	1	4	2	3
14	4	2	3	1	4
15	4	3	2	4	1
16	4	4	1	3	2

$(12) L_{27}(3^{13})$

试验号 \ 列号	1	2	3	4	5	6	7	8	9	10	11	12	13
1	1	1	1	1	1	1	1	1	1	1	1	1	1
2	1	1	1	1	2	2	2	2	2	2	2	2	2
3	1	1	1	1	3	3	3	3	3	3	3	3	3
4	1	2	2	2	1	1	1	2	2	2	3	3	3
5	1	2	2	2	2	2	2	3	3	3	1	1	1
6	1	2	2	2	3	3	3	1	1	1	2	2	2
7	1	3	3	3	1	1	1	3	3	3	2	2	2
8	1	3	3	3	2	2	2	1	1	1	3	3	3
9	1	3	3	3	3	3	3	2	2	2	1	1	1
10	2	1	2	3	1	2	3	1	2	3	1	2	3
11	2	1	2	3	2	3	1	2	3	1	2	3	1
12	2	1	2	3	3	1	2	3	1	2	3	1	2
13	2	2	3	1	1	2	3	2	3	1	3	1	2
14	2	2	3	1	2	3	1	3	1	2	1	2	3
15	2	2	3	1	3	1	2	1	2	3	2	3	1
16	2	3	1	2	1	2	3	3	1	2	2	3	1

试验号 \ 列号	1	2	3	4	5	6	7	8	9	10	11	12	13
17	2	3	1	2	2	3	1	1	2	3	3	1	2
18	2	3	1	2	3	1	2	2	3	1	1	2	3
19	3	1	3	2	1	3	2	1	3	2	1	3	2
20	3	1	3	2	2	1	3	2	1	3	2	1	3
21	3	1	3	2	3	2	1	3	2	1	3	2	1
22	3	2	1	3	1	3	2	1	2	3	3	2	1
23	3	2	1	3	2	1	3	2	3	1	1	3	2
24	3	2	1	3	3	2	1	3	1	2	2	1	3
25	3	3	2	1	1	3	2	2	3	1	2	1	3
26	3	3	2	1	2	1	3	3	1	2	3	2	1
27	3	3	2	1	3	2	1	1	2	3	1	3	2

$L_{27}(3^{13})$ 表头设计

因素数 \ 列号	1	2	3	4	5	6	7	8	9	10	11	12	13
3	A	B	$(A\times B)_1$	$(A\times B)_2$	C	$(A\times C)_1$	$(A\times C)_2$	$(B\times C)_1$			$(B\times C)_2$		
4	A	B	$(A\times B)_1$ $(C\times D)_2$	$(A\times B)_2$	C	$(A\times C)_1$ $(B\times D)_2$	$(A\times C)_2$	$(B\times C)_1$ $(A\times D)_2$	D	$(A\times D)_1$	$(B\times C)_2$	$(B\times D)_1$	$(C\times D)_1$

$L_{27}(3^{13})$ 两列间的交互作用

列号 \ 列号	1	2	3	4	5	6	7	8	9	10	11	12	13
(1)	(1)	3	2	2	6	5	5	9	8	8	12	11	11
		4	4	3	7	7	6	10	10	9	13	13	12
(2)		(2)	1	1	8	9	10	5	6	7	5	6	7
			4	3	11	12	13	11	12	13	8	9	10
(3)			(3)	1	9	10	8	7	5	6	6	7	5
				2	13	11	12	12	13	11	10	8	9
(4)				(4)	10	8	9	6	7	5	7	5	6
					12	13	11	13	11	12	9	10	8
(5)					(5)	1	1	2	3	4	2	4	3
						7	6	11	13	12	8	10	9
(6)						(6)	1	4	2	3	3	2	4
							5	13	12	11	10	9	8
(7)							(7)	8	4	2	4	3	2
								12	11	13	9	8	10
(8)								(8)	1	1	2	3	4
									10	9	5	7	6
(9)									(9)	1	4	2	3
										8	7	6	5
(10)										(10)	3	4	2
											6	5	7
(11)											(11)	1	1
												13	12
(12)												(12)	1
													11

(13) $L_{25}(5^6)$

试验号 \ 列号	1	2	3	4	5	6
1	1	1	1	1	1	1
2	1	2	2	2	2	2
3	1	3	3	3	3	3
4	1	4	4	4	4	4
5	1	5	5	5	5	5
6	2	1	2	3	4	5
7	2	2	3	4	5	1
8	2	3	4	5	1	2
9	2	4	5	1	2	3
10	2	5	1	2	3	4
11	3	1	3	5	2	4
12	3	2	4	1	3	5
13	3	3	5	2	4	1
14	3	4	1	3	5	2
15	3	5	2	4	1	3
16	4	1	4	2	5	3
17	4	2	5	3	1	4
18	4	3	1	4	2	5
19	4	4	2	5	3	1
20	4	5	3	1	4	2
21	5	1	5	4	3	2
22	5	2	1	5	4	3
23	5	3	2	1	5	4
24	5	4	3	2	1	5
25	5	5	4	3	2	1

附录5　乙醇—正丙醇在常压下的气液平衡数据

温度/℃	乙醇在液相中的摩尔分数 X/%	乙醇在气相中的摩尔分数 Y/%
97.16	0.00	0.00
93.85	12.60	24.00
92.66	18.80	31.80
91.60	21.00	33.90
88.32	35.80	55.00
86.25	46.10	65.00
84.98	54.60	71.10
84.13	60.00	76.00
83.06	66.30	79.90
80.59	84.40	91.40
78.38	100.00	100.00

附录6 乙醇—正丙醇的折光率与溶液浓度的关系

乙醇的质量分数	温度		
	25 ℃	30 ℃	35 ℃
0.000 0	1.382 7	1.380 9	1.379 0
0.050 5	1.381 5	1.379 6	1.377 5
0.099 8	1.379 7	1.378 4	1.376 2
0.197 4	1.377 0	1.375 9	1.374 0
0.295 0	1.375 0	1.373 5	1.371 9
0.397 7	1.373 0	1.371 2	1.369 2
0.497 0	1.370 5	1.369 0	1.367 0
0.599 0	1.368 0	1.366 8	1.365 0
0.644 5	1.366 7	1.365 7	1.363 4
0.710 1	1.365 8	1.364 0	1.362 0
0.798 3	1.364 0	1.362 0	1.360 0
0.844 2	1.362 8	1.360 7	1.359 0
0.906 4	1.361 8	1.359 3	1.357 3
0.950 9	1.360 6	1.358 4	1.356 3
1.000 0	1.358 9	1.357 4	1.355 1

附录7 乙醇—正丙醇的汽化热和比热容数据表

温度/℃	乙醇		正丙醇	
	汽化热/(kJ/kg)	比热容/[kJ/(kg·K)]	汽化热/(kJ/kg)	比热容/[kJ/(kg·K)]
0	985.29	2.23	839.88	2.21
10	969.66	2.30	827.62	2.28
20	953.21	2.38	814.80	2.35
30	936.03	2.46	801.42	2.43
40	918.12	2.55	787.42	2.49
50	899.31	2.65	772.86	2.59
60	879.77	2.76	757.60	2.69
70	859.32	2.88	741.78	2.79
80	838.05	3.01	725.34	2.89
90	815.79	3.14	708.20	2.92
100	792.52	3.29	690.30	2.96

附录8　乙醇—水在常压下的气液平衡数据

温度/℃	乙醇的液相中的摩尔分数 X/%	乙醇在气相中的摩尔分数 Y/%
100.00	0.00	0.00
94.95	2.01	18.68
90.50	5.07	33.06
87.70	7.95	40.18
86.20	10.48	44.61
84.50	14.95	49.77
83.30	20.00	53.09
82.35	25.00	55.48
81.60	30.01	57.70
81.20	35.09	59.55
80.75	40.00	61.44
80.40	45.41	63.43
80.00	50.16	65.34
79.75	54.00	66.92
79.55	59.55	69.59
79.30	64.05	71.86
78.85	70.63	75.82
78.60	75.99	79.26
78.40	79.82	81.83
78.20	85.97	86.40
78.15	89.41	89.41

附录9　氨在水中的相平衡常数 m 与温度 t 的关系

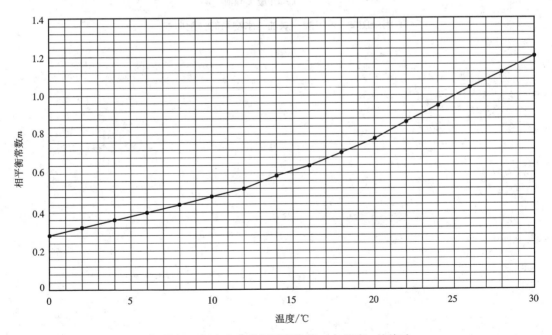

附录图1　氨在水中的相平衡常数 m 与温度 t 的关系

附录 10　CO₂水溶液的亨利系数

温度/℃	亨利系数 $E \times 10^{-5}$/kPa	温度/℃	亨利系数 $E \times 10^{-5}$/kPa
0	0.738	30	1.88
5	0.888	35	2.12
10	1.05	40	2.36
15	1.24	45	2.60
20	1.44	50	2.87
25	1.66	60	3.46

附录 11　苯甲酸—煤油—水物系的分配曲线

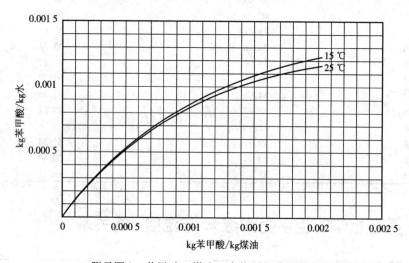

附录图 2　苯甲酸—煤油—水物系的分配曲线